T0222241

Informatorium Voeding en Diëtetiek

Majorie Former • Gerdie van Asseldonk
Jacqueline Drenth • Gerdien Ligthart-Melis
(Redactie)

Informatorium
Voeding en Diëtetiek

Dieetleer en Voedingsleer
– Supplement 94 – december 2016

Bohn
Stafleu
van Loghum

Houten 2016

Redactie

Majorie Former
Almere, The Netherlands

Jacqueline Drenth
Garrelsweer, Groningen, The Netherlands

Gerdie van Asseldonk
Delft, The Netherlands

Gerdien Ligthart-Melis
Zaandam, The Netherlands

ISBN 978-90-368-1683-0   ISBN 978-90-368-1684-7 (eBook)
DOI 10.1007/978-90-368-1684-7

NUR 893
Basisontwerp omslag: Studio Bassa, Culemborg
Automatische opmaak: Scientific Publishing Services (P) Ltd., Chennai, India

Bohn Stafleu van Loghum
Het Spoor 2
Postbus 246
3990 GA Houten

www.bsl.nl

Voorwoord bij supplement 94

December 2016

Beste collega,

In dit supplement treft u de volledig herschreven herziening aan van het hoofdstuk 'Gezonde voeding vanaf het vroegste begin in het leven', geschreven door dr. M.J. Tielemans en prof. dr. R.P.M. Steegers-Theunissen, Erasmus MC, Rotterdam.

Een gezond en gevarieerd voedingspatroon vóór en tijdens de zwangerschap is zeer belangrijk voor een optimale ontwikkeling van het ongeboren kind en voor het verminderen van risico's op complicaties rondom de zwangerschap bij moeder en kind. Tijdens de zwangerschap is er vooral behoefte aan een hogere inname van vitaminen, mineralen, sporenelementen, maar ook aan essentiële eiwitten en vetten; dit betekent echter niet dat er gegeten moet worden voor twee.

Onderzoek heeft aangetoond dat tekorten aan specifieke voedingsstoffen geassocieerd zijn met de kans op een verminderde vruchtbaarheid, complicaties tijdens de zwangerschap en bevalling, aangeboren afwijkingen en de gezondheid van moeder en kind op latere leeftijd. Ook beïnvloedt een gezond gewicht van zowel de vrouw als haar partner de vruchtbaarheid en het verloop van de zwangerschap. Een gezond en gevarieerd voedingspatroon, dat bestaat uit veel groente en fruit, volkoren- en graanproducten, plantaardige oliën en regelmatig vette vis, kan aan de toegenomen vraag van de meeste voedingsstoffen voldoen. Dit geldt echter niet voor foliumzuur en vitamine D. Daarom wordt geadviseerd om voor deze vitaminen een supplement te gebruiken.

Herzieningen die in dit supplement zijn opgenomen, zijn:

- 'Voeding en epidemiologie' door dr. S.S. Soedamah-Muthu, dr. F.J.B. van Duijnhoven en dr. ir. M.C. Busstra, allen verbonden aan de Afdeling Humane Voeding, Wageningen Universiteit.

Voedingsepidemiologie is het onderzoek naar voedingsdeterminanten van ziekten en gezondheid in menselijke populaties. Het doel is het duidelijk in kaart brengen van de voedselconsumptie, de nutriënteninneming, voedingsmiddeleninneming, voedingspatronen en de voedingsstatus van een populatie, het genereren van nieuwe hypothesen over voeding en ziekten, het testen van reeds bestaande hypothesen en het vaststellen van de sterkte en de richting van bepaalde associaties tussen voeding en ziekten. Uiteindelijk is de hoofddoelstelling van de voedingsepidemiologie een bijdrage leveren aan de preventie van ziekten en de verbetering van de volksgezondheid.

– 'Microbiologische voedselveiligheid' door dr. R.R. Beumer, universitair hoofddocent, extern medewerker leerstoelgroep Levensmiddelenmicrobiologie, Wageningen Universiteit en Stichting FiMM, en mw. R. Dijk, levensmiddelenmicrobioloog, Stichting FiMM.

Ondanks veel maatregelen op het gebied van hygiëne lijkt het erop dat de incidentie van voedselinfecties toeneemt. Factoren die hierbij een rol spelen, zijn onvoldoende kennis bij producenten, bereiders en consumenten van levensmiddelen, en veranderingen in de commerciële voedselproductie (meer kant-en-klaarmaaltijden die minimaal geconserveerd worden) en een zich terugtrekkende overheid. Om het aantal voedselinfecties terug te dringen moet er aan drie voorwaarden worden voldaan: besmetting zo veel mogelijk voorkomen, de uitgroei van micro-organismen remmen en geen rauwe producten eten. Wordt aan al deze voorwaarden voldaan, dan zal het aantal voedselinfecties kunnen dalen. Ze zullen echter nooit geheel verdwijnen.

– 'Veiligheid van verpakkingen en gebruiksartikelen voor levensmiddelen' door T.G. Siere en M.A.H. Rijk, beiden consultant bij AdFoPack.

Verpakkingen en gebruiksartikelen, bestemd om met levensmiddelen in aanraking te komen, oftewel voedselcontactmaterialen, kunnen mogelijk stoffen afgeven aan het levensmiddel. Om te voorkomen dat er een risico voor de volksgezondheid optreedt, zijn er op EU-niveau wettelijke regels gesteld waaraan alle voedselcontactmaterialen moeten voldoen. Ook aan het eindproduct worden bepaalde eisen gesteld. Tevens zijn de omstandigheden waaronder de verpakkingen en gebruiksartikelen worden getest op chemische veiligheid, wettelijk vastgelegd.

Dit supplement beslaat een breed spectrum van de diëtetiek waar diëtisten kennis van kunnen nemen.

Met vriendelijke groet,
namens de redactie,
Majorie Former, hoofdredacteur *Informatorium voor Voeding en Diëtetiek*

Inhoud

Hoofdstuk 1
Gezonde voeding vanaf het vroegste begin in het leven

December 2016

M.J. Tielemans en R.P.M. Steegers-Theunissen

Samenvatting Een gezond en gevarieerd voedingspatroon vóór en tijdens de zwangerschap is zeer belangrijk voor een optimale ontwikkeling van het ongeboren kind en voor het verminderen van risico's op complicaties rondom de zwangerschap bij moeder en kind. Tijdens de zwangerschap is er vooral behoefte aan een hogere inname van vitaminen, mineralen, sporenelementen, maar ook aan essentiële eiwitten en vetten; dit betekent echter niet dat er gegeten moet worden voor twee. Een gezond en gevarieerd voedingspatroon, dat onder andere bestaat uit veel groente en fruit, volkoren- en graanproducten, plantaardige oliën en regelmatig vette vis, kan aan de toegenomen vraag van de meeste voedingsstoffen voldoen. Dit geldt echter niet voor foliumzuur en vitamine D. Daarom wordt geadviseerd om voor deze vitaminen een supplement te gebruiken. Voor de ondersteuning van zwangere vrouwen en paren die zwanger willen worden, zijn er nu ook online individuele coachingsprogramma's op maat ontwikkeld om ongezonde voedingsgewoonten te veranderen: www.slimmerzwanger.nl, www.slimmeretenmetjekind.nl. Deze programma's zijn ook zeer geschikt om in de zorg te gebruiken ter ondersteuning van diëtisten en andere zorgverleners voor het geven van 'voeding en leefstijlzorg'.

1.1 Inleiding

Tegenwoordig is de maximale levensduur van de mens ongeveer 120 jaar en dit wordt in belangrijke mate bepaald door een samenspel tussen erfelijke factoren, persoonlijke eigenschappen, omgevingsfactoren en blootstellingen uit het milieu.

M.J. Tielemans (✉) · R.P.M. Steegers-Theunissen
Erasmus MC, Rotterdam, The Netherlands

© Bohn Stafleu van Loghum, onderdeel van Springer Media B.V. 2016
M. Former et al. (Red.), *Informatorium Voeding en Diëtetiek*,
DOI 10.1007/978-90-368-1684-7_1

Juist de combinatie van deze factoren is bepalend voor onze gezondheid vanaf het vroegste begin in het leven.

De periconceptiefase is de vroegste periode in het leven die gedefinieerd is op basis van de biologische processen die zich afspelen vanaf veertien weken vóór de bevruchting (= preconceptie) tot en met tien weken daarna (Steegers-Theunissen et al. 2013). In deze levensfase vinden de belangrijkste rijpingsprocessen plaats van de geslachtscellen, wordt het toekomstige erfelijke materiaal van het embryo (= het ongeboren kind in de eerste drie maanden van de zwangerschap) geprogrammeerd en worden de organen en de placenta gevormd. De placenta vormt een belangrijke verbinding tussen het ongeboren kind en de moeder en verzorgt onder andere de uitwisseling van nutriënten en afvalstoffen. Voedingsstoffen zijn nodig voor de aanmaak, het herstel en het functioneren van organen, cellen en erfelijk materiaal. Daarom is gedurende de periconceptieperiode een gezonde omgeving van de vrouw, maar ook zeker van de man, van essentieel belang. Voeding is een belangrijke persoonlijke omgevingsfactor die we voor een groot deel zelf kunnen beïnvloeden.

Gedurende de hierna volgende zwangerschap, die in totaal circa veertig weken duurt, gerekend vanaf de eerste dag van de laatste menstruatie, ontwikkelt het ongeboren kind zich tot aan de geboorte. Tevens vinden er veel fysiologische veranderingen plaats in de orgaansystemen (hart-, vaat- en maag-darmstelsel) van de vrouw om de zwangerschap en de bevalling zo optimaal mogelijk te laten verlopen. Het is dan ook belangrijk dat een vrouw ook al gedurende deze periode een goede voedingsstatus heeft, die wordt bepaald door de voedselinname, de hoeveelheid nutriënten die zijn opgeslagen en door het verbruik van nutriënten van de zwangere en haar ongeboren kind.

Tijdens de zwangerschap is de moeder de belangrijkste omgeving voor het ongeboren kind. Om die reden werd altijd aangenomen dat de moeder tijdens de zwangerschap zou moeten eten voor twee. Inmiddels is er echter voldoende bewijs dat vooral de kwaliteit van de voeding, die bepaald wordt door een goede verhouding tussen micronutriënten (vitaminen, sporenelementen) en macronutriënten (eiwitten, koolhydraten en vetten), belangrijk is voor een gezonde zwangerschap en pasgeborene. Deze goede kwaliteit kan worden bereikt door het volgen van een gevarieerd voedingspatroon, bijvoorbeeld het mediterrane voedingspatroon.

In dit hoofdstuk wordt ingegaan op de invloed van specifieke voedingsstoffen en voedingspatronen op het verloop en de uitkomst van de zwangerschap.

In 2015 zijn de 'Richtlijnen goede voeding' gepubliceerd door de Gezondheidsraad (Gezondheidsraad 2015). Deze richtlijnen zijn opgesteld met als doel het verminderen van chronische ziekten in de algemene bevolking. Zwangere vrouwen vallen, net als pasgeborenen en kinderen tot 2 jaar, echter buiten de reikwijdte van deze richtlijnen uit 2015. In de komende jaren zal de Gezondheidsraad voor deze drie groepen specifieke richtlijnen opstellen.

1.2 Voldoende energie-inname en macronutriënten

Tijdens de zwangerschap wordt de extra energiebehoefte geschat op 1,5 megajoule per dag (287 kcal per dag) (Gezondheidsraad 2001). De gemiddelde stijging in de energiebehoefte is 0,2 megajoule per dag tijdens het eerste trimester, 0,9 megajoule per dag gedurende het tweede trimester en 2,6 megajoule per dag tijdens het derde trimester van de zwangerschap (Gezondheidsraad 2001). Deze extra energiebehoefte wordt deels gecompenseerd door een vermindering van lichamelijke activiteit gedurende de zwangerschap. Hoeveel extra energie-inname een vrouw tijdens haar zwangerschap zou moeten hebben is dus afhankelijk van de hoeveelheid lichaamsbeweging, de basale stofwisseling en de extra energiebehoefte. Onderzoek heeft aangetoond dat een energierijk dieet in de periconceptieperiode een positieve invloed heeft op de embryonale groei (Bouwland-Both et al. 2013).

De geadviseerde verhouding tussen de inname van de verschillende macronutriënten tijdens de zwangerschap verschilt niet van het advies buiten de zwangerschap. Maar ook hier geldt dat het belangrijk is dat een vrouw een gezond en gevarieerd voedingspatroon heeft waarbij verschillende soorten eiwitten, koolhydraten en vetten geconsumeerd worden.

1.2.1 Essentiële vetzuren

Het is belangrijk dat een zwangere vrouw voldoende meervoudig onverzadigde vetzuren binnenkrijgt. Hierbij zijn zowel de inname van de essentiële vetzuren alfa-linoleenzuur (ALA) en linolzuur (LA) belangrijk alsmede de vetzuren die hiervan zijn afgeleid, zoals docosahexaeenzuur (DHA), eicosapentaeenzuur (EPA) en arachidonzuur (AA). Een bron van deze meervoudig onverzadigde vetzuren is vette vis, waaronder haring, zalm en makreel, en plantaardige olie. Vetzuren zijn belangrijke componenten van celmembranen en zijn daarom onmisbaar voor de groei en ontwikkeling van de placenta en de vorming van weefsels en organen van het ongeboren kind. Voldoende inname van meervoudig onverzadigde vetzuren is vooral belangrijk voor de groei en ontwikkeling van de hersenen en de zintuigen. Zo is er een verband gevonden tussen bloedconcentraties van meervoudig onverzadigde vetzuren tijdens de zwangerschap en emotionele en gedragsproblemen van het kind (Steenweg-de Graaff et al. 2015).

1.3 Adequate hoeveelheid vitaminen

1.3.1 Vitamine A (retinol)

Retinol is een vet-oplosbare vitamine en speelt een belangrijke rol bij de groei en ontwikkeling van het ongeboren kind. De geadviseerde inname van vitamine A bedraagt 800 microgram per dag (Nordic Council 2012). Een te lage inname tijdens de zwangerschap speelt mogelijk een rol bij het ontstaan van aangeboren afwijkingen, zoals een breuk in het middenrif (Beurskens et al. 2009). Ook te hoge doseringen retinol (>3000 microgram per dag) kunnen aangeboren afwijkingen bij het kind veroorzaken, zoals een open ruggetje en afwijkingen aan het gelaat. Daarom adviseert de Gezondheidsraad zwangere vrouwen en vrouwen die zwanger willen worden, om producten met hoge concentraties vitamine A, zoals lever, leverproducten (leverkaas, berlinerworst, smeerworst, paté), en supplementen met vitamine A te mijden. Vitamine A is aanwezig in dierlijke producten en toegevoegd aan bak- en braadproducten. Ook kan het in het lichaam worden geproduceerd uit provitamine A-carotenoïden. Dit betekent dat een zwangere vrouw bij een gevarieerd voedingspatroon voldoende vitamine A consumeert, zonder dat zij te veel binnenkrijgt.

1.3.2   Vitamine B1 (thiamine)

Thiamine is een water-oplosbare vitamine en als cofactor belangrijk in het metabolisme van macronutriënten. Daarnaast speelt het een rol bij de werking van de hartspier en het zenuwstelsel. De behoefte aan vitamine B1 is verhoogd tijdens de zwangerschap en de geadviseerde inname is 1,4 milligram per dag (Gezondheidsraad 2000).

1.3.3   Vitamine B2 (riboflavine)

Riboflavine is in water-oplosbaar en net zoals thiamine (vitamine B1) belangrijk bij het vrijmaken van energie uit lichaamscellen. Een periconceptioneel riboflavinetekort is geassocieerd met een verhoogd risico op een gelaatspleet (Oginni en Adenekan 2012). Vitamine B2 is voornamelijk aanwezig in melk en melkproducten en wordt daarnaast ook gevonden in vlees, groente, fruit en graanproducten. De dagelijkse geadviseerde inname voor zwangere vrouwen is 1,4 milligram en 1,1 milligram voor niet-zwangere vrouwen (Gezondheidsraad 2000).

1.3.4   Vitamine B6 (pyridoxine)

Pyridoxine is een water-oplosbare vitamine en speelt een rol bij de opbouw en afbraak van aminozuren en vetzuren. Daarnaast is het betrokken bij de werking van bepaalde hormonen en de aanmaak van rode bloedcellen. Ook speelt vitamine B6 een rol bij de afbraak van het tussenproduct homocysteïne, waarvan hoge concentraties geassocieerd zijn met een verhoogd risico op een laag geboortege-wicht (Hogeveen et al. 2012). Voorts kan een pyridoxinedeficiëntie de oorzaak zijn van bloedarmoede tijdens de zwangerschap (Dror en Allen 2012). Veel verschil-lende voedingsproducten bevatten vitamine B6, waaronder groente, fruit, vlees en vis. Tijdens de zwangerschap wordt een hogere inname geadviseerd dan buiten de zwangerschap, namelijk 1,9 milligram per dag (Gezondheidsraad 2003).

1.3.5   Vitamine B11 (foliumzuur)

Foliumzuur is een water-oplosbare vitamine en speelt een belangrijke rol bij de vorming van het zenuwstelsel van het ongeboren kind. Tevens is het belangrijk voor de aanmaak en het herstel van erfelijk materiaal, het metabolisme van eiwit-ten en vetten en de afbraak van het eerder genoemde tussenproduct homocysteïne. Voldoende vitamine B11 gedurende de periconceptieperiode vermindert de kans op bepaalde aangeboren afwijkingen, zoals een open ruggetje, een gelaatspleet, aangeboren hartafwijkingen en een laag geboortegewicht (Uitert et al. 2014).

Vitamine B11 is vooral aanwezig in peulvruchten, groente en fruit. Ook bij een gezond en gevarieerd voedingspatroon krijgt een zwangere vrouw niet vol-doende foliumzuur binnen. Daarnaast is de resorptie van synthetisch foliumzuur veel hoger dan dat van foliumzuur afkomstig uit de voeding. Daarom adviseert de Gezondheidsraad een foliumzuursuppletie van 400 microgram per dag vanaf het moment van zwangerschapswens en gedurende de eerste tien weken van de zwan-gerschap (Gezondheidsraad 2003).

1.3.6   Vitamine B12 (cobalamine)

Cobalamine speelt een rol bij de vorming van nieuwe cellen en is nodig voor een goede werking van het zenuwstelsel. De functies van vitamine B12 zijn nauw ver-want aan die van vitamine B11 (foliumzuur) en het speelt ook een rol in de afbraak van homocysteïne. Vitamine B12 is uitsluitend aanwezig in producten van dier-lijke origine; daarom hebben zwangere vrouwen met een veganistisch dieet een hoger risico op een vitamine B12-deficiëntie. Gedurende de zwangerschap wordt een inname van 3,2 microgram per dag geadviseerd (Gezondheidsraad 2003). Een vitamine B12-deficiëntie tijdens de zwangerschap is geassocieerd met aangeboren afwijkingen, waaronder een gelaatspleet en vroeggeboorte (Dror en Allen 2012).

1.3.7   Vitamine C

Vitamine C, oplosbaar in water, heeft een antioxidantenfunctie en beschermt daarmee de lichaamscellen tegen oxidatieve stress. Oxidatieve stress kan ontstaan na blootstelling aan vrije radicalen. Tijdens de zwangerschap dalen de plasmavitamine C-concentraties ten gevolge van een toegenomen circulerend bloedvolume en actief transport naar het ongeboren kind (Dror en Allen 2012). De voornaamste voedselbronnen van vitamine C zijn groente en fruit. Het advies is om tijdens de zwangerschap de vitamine C-inname te verhogen tot 85 milligram per dag (Nordic Council 2012).

1.3.8   Vitamine D

Vitamine D is een vet-oplosbare vitamine en is ook tijdens de zwangerschap belangrijk voor de opname van calcium uit de voeding. Extra opname van calcium is nodig voor een goede botopbouw van het ongeboren kind en vermindert de opname van calcium uit de calciumvoorraden uit het skelet van de zwangere vrouw. Vitamine D wordt voornamelijk in de huid aangemaakt onder invloed van ultraviolette straling. In een huid met weinig pigment wordt meer vitamine D geproduceerd dan in een sterk gepigmenteerde huid. Ook wordt er in de zomer meer vitamine D aangemaakt in de huid dan tijdens de wintermaanden. Vitamine D zit ook in een aantal voedingsmiddelen, waaronder vette vis (zalm en haring), eigeel en vlees- en melkproducten. Tijdens de zwangerschap is de vitamine D-behoefte gemiddeld echter groter dan door de huid kan worden aangemaakt en uit de voeding kan worden gehaald. Daarom adviseert de Gezondheidsraad alle zwangere vrouwen om gedurende de gehele zwangerschap dagelijks een vitamine D-supplement van 10 microgram te slikken (Gezondheidsraad 2012).

1.3.9   Vitamine E (alfatocoferol)

Alfatocoferol is een vet-oplosbare vitamine en tevens een belangrijke antioxidant. Vitamine E voorkomt dat lichaamscellen beschadigd raken door een blootstelling aan overmatige oxidatieve stress. Daarnaast speelt het een rol in de celstofwisseling. Vitamine E-suppletie tijdens de zwangerschap verkleint de kans op placentaloslating (Rumbold et al. 2015), terwijl een hoge inname geassocieerd is met aangeboren hartafwijkingen (Smedts et al. 2009). Vitamine E wordt voornamelijk aangetroffen in zonnebloemolie, dieethalvarine en noten. Gedurende de zwangerschap wordt een hogere inname van 10 milligram per dag geadviseerd (Nordic Council 2012).

1.4   Adequate hoeveelheid mineralen en sporenelementen

1.4.1   Calcium

Het mineraal calcium is nodig voor de opbouw van botten en het gebit en is noodzakelijk voor een goede werking van de zenuwen en spieren in het lichaam. Gedurende de zwangerschap wordt er meer calcium opgenomen en behouden dan buiten de zwangerschap. Hierdoor hoeft een zwangere vrouw haar calciuminname niet te verhogen. Vrouwen met een chronisch te lage calciuminname hebben echter een verhoogd risico op verlies van botmassa tijdens de zwangerschap, doordat de benodigde hoeveelheid calcium voor het ongeboren kind uit de botmassa van de moeder wordt gehaald. Vooral bij een zwangerschap op jonge leeftijd is een adequate calciuminname belangrijk, omdat de zwangere ook zelf extra calcium nodig heeft voor haar eigen botopbouw. Bovendien tonen onomstreden recente studies aan dat calciumsuppletie de kans op zwangerschapsvergiftiging zou verminderen (Hofmeyr et al. 2014). Calcium is aanwezig in melk, melkproducten en kaas. De opname van calcium uit de voeding wordt bevorderd door vitamine D. De geadviseerde inname is 1.000 miligram per dag voor zwangere vrouwen (Gezondheidsraad 2000).

1.4.2   IJzer

Het mineraal ijzer is belangrijk voor de vorming van hemoglobine, dat nodig is voor het zuurstoftransport in het bloed. Daarnaast speelt het een rol in de celstofwisseling. Tijdens de zwangerschap is de behoefte aan ijzer verhoogd vanwege de toename van het bloedvolume en de groei van het ongeboren kind en de placenta. In de voeding zitten verschillende soorten ijzer. Haemijzer (Fe^{2+}) is aanwezig in dierlijke producten en wordt gemakkelijk in het lichaam opgenomen. Non-haemijzer (Fe^{3+}) bevindt zich in plantaardige producten en moet eerst worden omgezet voordat het door het lichaam kan worden opgenomen. IJzersuppletie verkleint het risico op bloedarmoede en ijzertekort tijdens de zwangerschap. Of ijzersuppletie ook andere positieve effecten heeft op gezondheidsuitkomsten van moeder en kind is minder duidelijk (Pena-Rosas et al. 2015). De dagelijkse aanbeveling van ijzer voor zwangere vrouwen is in het eerste trimester 11 milligram, in het tweede trimester 15 milligram en 19 milligram in het derde trimester.

1.4.3   Jodium

Het sporenelement jodium is een essentiële component van twee schildklierhormonen die beide een rol spelen bij een goede groei en ontwikkeling en bij de stofwisseling. Goede schildklierhormoonconcentraties van zowel de zwangere als van haar ongeboren kind zijn onmisbaar voor een goede ontwikkeling van de hersenen en het zenuwstelsel van het ongeboren kind (Zimmermann 2012). Gedurende de zwangerschap neemt de behoefte aan jodium substantieel toe. Bij een jodiumtekort worden reserves uit de schildklier van de zwangere vrouw aangesproken, waardoor er geleidelijk een jodiumtekort kan ontstaan. Een jodiumtekort in de zwangerschap is geassocieerd met motorische en cognitieve ontwikkelingsproblemen bij het kind (Zimmermann 2012). Een ernstig jodiumtekort kan cretinisme veroorzaken; dit wordt gekenmerkt door geestelijke beperkingen bij de pasgeborene.

Tijdens de zwangerschap wordt een jodiuminname van 175 microgram per dag geadviseerd, wat meer is dan het advies voor niet-zwangere vrouwen (150 microgram per dag) (Nordic Council 2012). Voornamelijk zeevis, zeewier en eieren bevatten jodium. In Nederland bevat de voeding van zichzelf weinig jodium en daarom wordt het toegevoegd aan onder andere keuken- en bakkerszout. Voor zwangere vrouwen is het daarom ook belangrijk om brood te eten dat gebakken is met bakkerszout.

1.4.4   Zink

Zink is een sporenelement dat nodig is voor de groei en het herstel van weefsels en de opbouw van eiwitten. Zink komt in kleine hoeveelheden in tal van verschillende producten voor. De concentraties zijn het hoogst in eiwitrijke producten, zoals schaal- en schelpdieren, vlees en melk. Een zinktekort wordt vaker gezien bij mannen met een slechte zaadkwaliteit. Extra zink in combinatie met foliumzuur verbetert de zaadkwaliteit bij vooral mannen met een slechte zaadkwaliteit (Wong et al. 2002). Ook is er een verband gevonden tussen een tekort aan zink tijdens de zwangerschap en een verhoogd risico op vroeggeboorte (Ota et al. 2015). Tijdens de zwangerschap wordt een dagelijkse inname van 9 microgram zink geadviseerd; voor niet-zwangere vrouwen luidt het advies 7 microgram per dag (Nordic Council 2012).

1.5   Gezond gewicht

Een gezonde en gevarieerde voeding geeft de grootste kans op een gezond gewicht dat belangrijk is voor de vruchtbaarheid van zowel de vrouw als de man, alsmede op een ongestoord verloop van de zwangerschap. Vrouwen en mannen met een body mass index (BMI) tussen de 20 en 25 kg/m^2 hebben de grootste kans op een succesvolle spontane zwangerschap. Vruchtbaarheidsproblematiek wordt dan ook relatief vaker gezien bij vrouwen en mannen die onder- dan wel overgewicht hebben. Mannen met obesitas hebben bijvoorbeeld vaker een verlaagde zaadkwaliteit dan mannen met een normaal gewicht (Sermondade et al. 2013). Vrouwen met obesitas hebben een verhoogd risico op stoornissen in de menstruatiecyclus en op het krijgen van een miskraam. Tevens hebben vrouwen met een sterke vetophoping in de buik, en dus met een hoge middel-heupratio, een grotere kans op vruchtbaarheidsstoornissen. Daarnaast hebben vrouwen met overgewicht en obesitas een verhoogd risico op een kind met aangeboren afwijkingen, zoals hartafwijkingen, een open ruggetje of een gelaatspleet (Stothard et al. 2009). Ook na de periconceptieperiode hebben zwangere vrouwen met een normaal gewicht de gunstigste zwangerschapsuitkomsten. Ondergewicht van vrouwen vóór en tijdens de zwangerschap kan leiden tot een verminderde groei en ontwikkeling van het ongeboren kind en de placenta. Hierdoor hebben vrouwen met ondergewicht vaker een vroeggeboorte en hebben pasgeborenen vaker een te laag geboortegewicht. Dit kan negatieve consequenties hebben voor de gezondheid van het kind op latere leeftijd. Deze kinderen hebben onder andere een grotere kans op het ontwikkelen van hart- en vaatziekten en diabetes mellitus op de volwassen leeftijd (hoofdstuk 'Diabetes mellitus en zwangerschap' door G.H. Hofsteenge voor meer informatie over zwangerschapsdiabetes).

Overgewicht en obesitas bij zwangere vrouwen daarentegen vergroot de kans op kinderen met een te hoog geboortegewicht (Marchi 2015). Deze kinderen zullen op de volwassen leeftijd vaker zelf ook te zwaar zijn. Andere complicaties die vaker optreden zijn zwangerschapsdiabetes en pre-eclampsie (Marchi et al. 2015). Pre-eclampsie – in de volksmond 'zwangerschapsvergiftiging' genoemd – is een ernstige zwangerschapscomplicatie en wordt gekenmerkt door een te hoge bloeddruk en verlies van eiwitten via urine. Bij obesitas komen complicaties tijdens de bevalling frequenter voor, waardoor de kans ook groter is op een spoedkeizersnede en te veel bloedverlies.

Behalve de lichaamssamenstelling van de zwangere, is ook de hoeveelheid gewichtstoename geassocieerd met zwangerschapsuitkomsten. Hoe hoger de BMI vóór de zwangerschap, des te minder gewicht een zwangere hoeft aan te komen tijdens de zwangerschap. Zo wordt vrouwen met een normaal gewicht geadviseerd om tijdens de zwangerschap tussen de 11,5 en 16 kg aan te komen. Voor vrouwen met overgewicht wordt een gewichtstoename tussen de 7 en 11,5 kg geadviseerd (Institute of medicine 2009). Te veel gewichtstoename resulteert vaker in complicaties tijdens de zwangerschap en vergroot ook de kans op overgewicht en obesitas na de zwangerschap (Marchi et al. 2015).

1.6 Overige voedingsadviezen tijdens de zwangerschap

Voor vrouwen die zwanger willen worden of die zwanger zijn, adviseert de Gezondheidsraad om géén alcohol te gebruiken; dit vanwege de negatieve effecten op het geboortegewicht, vroeggeboorte en psychomotorische ontwikkeling van het ongeboren kind (Gezondheidsraad 2015). Infecties tijdens de zwangerschap met de parasiet *Toxoplasma gondii* en de bacterie *Listeria monocytogenes* zijn geassocieerd met ernstige gezondheidsproblemen bij het ongeboren kind.

Zwangere vrouwen kunnen onder andere geïnfecteerd worden via besmet voedsel. Daarom zijn er specifieke adviezen over de inname van onder andere rauwmelkse producten, rauw of onvoldoende gebakken vlees en kiemgroenten. Voor meer informatie hierover verwijzen wij u naar de website van het Voedingscentrum (www.voedingscentrum.nl). Op deze website vindt u ook actuele adviezen over cafeïne-inname tijdens de zwangerschap.

1.7   Tot besluit

Een gezond voedingspatroon en gewicht zijn belangrijke gewoonten en omgevingsfactoren die door de vrouw met kinderwens en de zwangere vrouw zelf beïnvloed kunnen worden om sneller zwanger te worden en een gezond kind te krijgen. Belangrijk is dat de vrouw en haar partner al vóór de conceptie in een optimale voedingsconditie verkeren door een gezond en gevarieerd voedingspatroon te volgen. Tijdens de zwangerschap is er een toegenomen vraag naar vooral vitaminen, mineralen, sporenelementen en essentiële eiwitten en vetten. Bij een gevarieerd dieet dat bestaat uit veel groente en fruit, volkoren graanproducten, plantaardige oliën en regelmatig vette vis, krijgt een zwangere vrouw de meeste en beste voedingsstoffen binnen. De hoeveelheid foliumzuur en vitamine D is in dit voedingspatroon echter onvoldoende om aan de toegenomen behoefte te voldoen. Daarom is het advies om gedurende de periconceptieperiode extra foliumzuur en gedurende de gehele zwangerschap extra vitamine D in te nemen. Aangezien het veranderen van ongezonde voedingsgewoonten zeer moeilijk is, zijn de persoonlijke online coachingsplatforms www.slimmerzwanger.nl en www.slimmeretenmetjekind.nl ontwikkeld. Dit zijn individuele programma's op de mobiele telefoon om de vrouw en haar partner de belangrijkste gezonde voedings- en leefstijlgewoonten aan te leren en te laten behouden (Dijk et al. 2016). Dit programma is zeer effectief en wordt vergoed door de meeste ziektekostenverzekeraars. Daarnaast helpt het diëtisten en alle andere betrokken beroepsgroepen om voedingszorg te geven in de reguliere patiëntenzorg.

Literatuur

Beurskens, L. W., Tibboel, D., & Steegers-Theunissen, R. P. (2009). Role of nutrition, lifestyle factors, and genes in the pathogenesis of congenital diaphragmatic hernia: Human and animal studies. *Nutrition Reviews, 67*(12), 719–730.
Bouwland-Both, M. I., Steegers-Theunissen, R. P., Vujkovic, M., Lesaffre, E. M., Mook-Kanamori, D. O., Hofman, A., et al. (2013). A periconceptional energy-rich dietary pattern is associated with early fetal growth: The Generation R study. *BJOG, 120*(4): 435–445.

Dijk, M. R. van, Huijgen, N. A., Willemsen, S. P., Laven, J. S., Steegers, E. A., & Steegers-Theunissen, R. P. (2016). Impact of an mHealth platform for pregnancy on nutrition and lifestyle of the reproductive population: A survey. *JMIR Mhealth Uhealth, 4*(2), e53.

Dror, D. K., & Allen, L. H. (2012). Interventions with vitamins B6, B12 and C in pregnancy. *Paediatric and Perinatal Epidemiology, 26*(Suppl 1), 55–74.

Hofmeyr, G. J., Lawrie, T. A., Atallah, A. N., Duley, L., Torloni, M. R. (2014). Calcium supplementation during pregnancy for preventing hypertensive disorders and related problems. *Cochrane Database Syst Rev* (6): CD001059.

Hogeveen, M., Blom, H. J., Heijer, M. den. (2012). Maternal homocysteine and small-for-gestational-age offspring: Systematic review and meta-analysis. *American Journal of Clinical Nutrition, 95*(1): 130–136.

Institute of Medicine and National Research Council. (2009). *Weight Gain During Pregnancy: Reexamining the Guidelines*. Washington, DC: The National Academies Press. doi:10.17226/12584.

Marchi, J., Berg, M., Dencker, A., Olander, E. K., & Begley, C. (2015). Risks associated with obesity in pregnancy, for the mother and baby: A systematic review of reviews. *Obesity Reviews, 16*(8), 621–638.

Oginni, F. O., & Adenekan, A. T. (2012). Prevention of oro-facial clefts in developing world. *Annals Maxillofacial Surgery, 2*(2), 163–169.

Ota, E., Mori, R., Middleton, P., Tobe-Gai, R., Mahomed, K., Miyazaki, C., et al. (2015). Zinc supplementation for improving pregnancy and infant outcome. *Cochrane Database System Reviews* (2): CD000230.

Pena-Rosas, J. P., De-Regil, L. M., Garcia-Casal, M. N., Dowswell, T. (2015). Daily oral iron supplementation during pregnancy. *Cochrane Database System Reviews* (7): CD004736.

Rumbold, A., Ota, E., Hori, H., Miyazaki, C., Crowther, C. A. (2015). Vitamin E supplementation in pregnancy. *Cochrane Database System Reviews* (9): CD004069.

Sermondade, N., Faure, C., Fezeu, L., Shayeb, A. G., Bonde, J. P., Jensen, T. K. et al. (2013). BMI in relation to sperm count: An updated systematic review and collaborative meta-analysis. *Human Reproduction Update, 19*(3): 221–231.

Smedts, H. P., Vries, J. H., Rakhshandehroo, M. de, Wildhagen, M. F., Verkleij-Hagoort, A. C., Steegers, E. A. et al. (2009). High maternal vitamin E intake by diet or supplements is associated with congenital heart defects in the offspring. *BJOG, 116*(3): 416–423.

Steegers-Theunissen, R. P., Twigt, J., Pestinger, V., & Sinclair, K. D. (2013). The peri conceptional period, reproduction and long-term health of offspring: The importance of one-carbon metabolism. *Human Reproduction Update, 19*(6), 640–655.

Steenweg-de Graaff, J. C., Tiemeier, H., Basten, M. G., Rijlaarsdam, J., Demmelmair, H., Koletzko, B. et al. (2015). Maternal LC-PUFA status during pregnancy and child problem behavior: The Generation R Study. *Pediatric Research, 77*(3): 489–497.

Stothard, K. J., Tennant, P. W., Bell, R., & Rankin, J. (2009). Maternal overweight and obesity and the risk of congenital anomalies: A systematic review and meta-analysis. *JAMA, 301*(6), 636–650.

Uitert, E. M. van, Ginkel, S. van, Willemsen, S. P., Lindemans, J., Koning, A. H., Eilers, P. H. et al. (2014). An optimal periconception maternal folate status for embryonic size: The Rotterdam Predict study. *BJOG, 121*(7): 821–829.

Wong, W. Y., Merkus, H. M., Thomas, C. M., Menkveld, R., Zielhuis, G. A., & Steegers-Theunissen, R. P. (2002). Effects of folic acid and zinc sulfate on male factor subfertility: A double-blind, randomized, placebo-controlled trial. *Fertility and Sterility, 77*(3), 491–498.

Zimmermann, M. B. (2012). The effects of iodine deficiency in pregnancy and infancy. *Paediatric and Perinatal Epidemiology, 26*(Suppl 1), 108–117.

Referenties waarop de aanbevelingen voor energie-inname, vitaminen, mineralen en spoorelementen zijn gebaseerd

Gezondheidsraad. (2000), *Voedingsnormen: Calcium, vitamine D, thiamine, riboflavine, niacine, pantotheenzuur en biotine, 2000/12*, pp. 1–182. Den Haag: Gezondheidsraad.

Gezondheidsraad. (2001). *Voedingsnormen energie, eiwitten, vetten en verteerbare koolhydraten.* Publicatie nr. 2001/19. Den Haag: Gezondheidsraad.

Gezondheidsraad. (2003). *Voedingsnormen vitamine B6, foliumzuur en vitamine B12*, pp. 1–142. Den Haag: Gezondheidsraad.

Gezondheidsraad. (2012). *Evaluatie van de voedingsnormen voor vitamine D*, pp. 1–150. Den Haag: Gezondheidsraad.

Gezondheidsraad. (2015). *Richtlijnen goede voeding 2015*. Publicatie nr. 2015/24. Den Haag: Gezondheidsraad.

Nordic Council. (2012). *Nordic Nutrition Recommendations 2012 – Part 1 2013*. Copenhagen.

Overige interessante literatuur over voedingspatronen

Ramakrishnan, U., Grant, F., Goldenberg, T., Zongrone, A., & Martorell, R. (2000). Effect of women's nutrition before and during early pregnancy on maternal and infant outcomes: A systematic review. *Paediatric and Perinatal Epidemiology, 26*(1), 285–301.

Steenweg-de Graaff, J., Tiemeier, H., Steegers-Theunissen, R. P., Hofman, A., Jaddoe, V. W., Verhulst, F. C. et al. (2014). Maternal dietary patterns during pregnancy and child internalising and externalising problems. The Generation R Study. Clinical Nutrition, *33*(1): 115–121.

Timmermans, S., Steegers-Theunissen, R. P., Vujkovic, M., Breeijen, H. den, Russcher, H., Lindemans, J. et al. (2012). The Mediterranean diet and fetal size parameters: The Generation R Study. *British Journal of Nutrition, 108*(8): 1399–1409.

Timmermans, S., Steegers-Theunissen, R. P., Vujkovic, M., Bakker, R., Breeijen, H. den, Raat, H. et al. (2011). Major dietary patterns and blood pressure patterns during pregnancy: The Generation R Study. *American Journal of Obstetrics and Gynecology, 205*(4):337 e1–12.

Vujkovic, M., Vries, J. H. de, Lindemans, J., Macklon, N. S., Spek, P. J. van der, Steegers, E. A. et al. (2010). The preconception Mediterranean dietary pattern in couples undergoing in vitro fertilization/intracytoplasmic sperm injection treatment increases the chance of pregnancy. *Fertility Sterility, 94*(6): 2096–2101.

Vujkovic, M., Vries, J. H. de, Dohle, G. R., Bonsel, G. J., Lindemans, J., Macklon, N. S. et al. (2009). Associations between dietary patterns and semen quality in men undergoing IVF/ICSI treatment. *Human Reproduction, 24*(6): 1304–1312.

Hoofdstuk 2
Voeding en epidemiologie

December 2016

S.S. Soedamah-Muthu, F.J.B. van Duijnhoven en M.C. Busstra

Gebaseerd op het hoofdstuk van dr. ir. A. Geelen,
prof. dr. J.M. Geleijnse, prof. dr. ir. P. van 't Veer (2008)

Samenvatting Voedingsepidemiologie is het onderzoek naar voedingsdeterminanten van ziekten en gezondheid in menselijke populaties. Het doel van voedingsepidemiologie is het duidelijk in kaart brengen van de voedselconsumptie, de nutriënteninname, voedingsmiddeleninname, voedingspatronen en de voedingsstatus van een populatie, het genereren van nieuwe hypothesen over voeding en ziekten, het testen van reeds bestaande hypothesen en het vaststellen van de sterkte en de richting van bepaalde associaties tussen voeding en ziekten. Uiteindelijk is de hoofddoelstelling van de voedingsepidemiologie een bijdrage leveren aan de preventie van ziekten en de verbetering van de volksgezondheid.

2.1 Inleiding

2.1.1 Definitie van epidemiologie

Epidemiologie is het onderzoek naar de verdeling van ziekten en andere gezondheidskenmerken en de determinanten daarvan in menselijke populaties. De epidemiologie bestudeert tevens het natuurlijk beloop van ziekten en kan aanwijzingen leveren voor de preventie ervan. Epidemiologische gegevens leggen een basis voor het volksgezondheidsbeleid. Oorspronkelijk richtten epidemiologen zich vooral op infectieziekten. Vanaf het begin van de twintigste eeuw is de interesse echter steeds meer uitgegaan naar chronische ziekten, waaronder aan voeding gerelateerde ziekten.

S.S. Soedamah-Muthu (✉) · F.J.B. van Duijnhoven · M.C. Busstra
Afdeling Humane Voeding, Wageningen Universiteit, Wageningen, The Netherlands

© Bohn Stafleu van Loghum, onderdeel van Springer Media B.V. 2016
M. Former et al. (Red.), *Informatorium Voeding en Diëtetiek*,
DOI 10.1007/978-90-368-1684-7_2

2.1.2   Nadere karakterisering van voedingsepidemiologie

Voedingsepidemiologie kan worden gedefinieerd als het onderzoek naar de voedingsdeterminanten van ziekten in menselijke populaties. Voedingsepidemiologisch onderzoek is van direct belang bij cruciale gezondheidsproblemen in de westerse, maar ook in de niet-westerse samenleving. Enkele voorbeelden zijn diabetes mellitus, hart- en vaatziekten, kanker, osteoporose, cataract, voedingsdeficiëntieziekten en congenitale misvormingen. Deze ziekten zijn in de afgelopen decennia in de voedingsepidemiologie onderzocht en sommige bevindingen hebben geleid tot gezondheidsbevorderende aanpassingen of adviezen. Een voorbeeld hiervan is een aantal voltooide epidemiologische onderzoeken uit het begin van de jaren negentig van de vorige eeuw waaruit bleek dat vrouwen de kans op het krijgen van een kind met een neuralebuisafwijking (anencefalie of spina bifida) substantieel kunnen verlagen door hun inname van foliumzuur te verhogen. Hoewel het werkingsmechanisme van foliumzuur nog niet volledig bekend was, waren de resultaten dermate duidelijk dat gezondheidsinstanties toch zijn begonnen met het nemen van maatregelen. In vele landen zijn aanbevelingen gedaan voor de inname van foliumzuur en maken overheden plannen om 'basisvoedingsmiddelen' met foliumzuur te verrijken.

2.1.3   De complexiteit van voeding

Een van de belangrijke problemen in de voedingsepidemiologie is de complexiteit van de voeding. Ieder mens is, in meerdere of mindere mate, blootgesteld aan een complexe combinatie van voedingsfactoren. Eetpatronen veranderen vaak langzaam over perioden van jaren en mensen weten vaak niet meer wanneer zij hun eetgewoonten hebben veranderd. Voeding bestaat uit mengsels van verschillende voedingscomponenten, waarbij substantiële verschillen zelfs tussen ogenschijnlijk identieke producten kunnen bestaan. Eetgewoonten kunnen gecorreleerd zijn met andere factoren die het risico op een ziekte beïnvloeden, zoals etnische achtergrond, sociaaleconomische status en tabaksgebruik. Ook de bereidingswijze van voeding kan van belang zijn. Gekookte koffie kan het cholesterolgehalte in het bloed bijvoorbeeld verhogen door verhoogde concentraties van diterpenen, zoals cafestol en kahweol, terwijl gefilterde koffie dat niet doet. De voedselinname vastleggen is niet eenvoudig. Hiervoor moeten speciale meetmethoden gebruikt worden.

2.1.4   Doelstellingen van voedingsepidemiologie

Het doel van voedingsepidemiologie is het duidelijk in kaart brengen van de voedselconsumptie, de nutriënteninname, voedingsmiddeleninname, voedingspatronen en de voedingsstatus van een populatie, het genereren van nieuwe hypothesen over voeding en ziekte, het testen van reeds bestaande hypothesen en het vaststellen van de richting en sterkte van bepaalde associaties tussen voeding en ziekten. Uiteindelijk is de hoofddoelstelling een bijdrage leveren aan de preventie van ziekten en de verbetering van de volksgezondheid.

In de voedingsepidemiologie worden onderzoeksontwerpen ('designs') gebruikt die observationeel of experimenteel van aard kunnen zijn:

– *observationeel onderzoek*: ecologisch onderzoek, dwarsdoorsnedeonderzoek, patiënt-controleonderzoek, cohortonderzoek, nested case-controleonderzoek en case-cohortonderzoek;
– *experimenteel onderzoek*: interventieonderzoek ('trial').

Elk van de genoemde designs heeft zijn eigen sterke en zwakke punten, waardoor op verschillende manieren bijgedragen kan worden aan een beter begrip van relaties tussen voeding en ziekten. Het belangrijkste voordeel van experimenteel onderzoek is dat direct een oorzakelijk verband (causaliteit) aannemelijk gemaakt kan worden, terwijl de in observationeel onderzoek gevonden associaties niet zonder meer causaal hoeven te zijn.

In de voedingsepidemiologie gaat het om de relatie tussen de blootstelling (voedselinname) en het effect (ziekte). Er zijn verscheidene technieken beschikbaar om de blootstelling ofwel de voedselinname te meten, zoals de mondelinge navraagmethode, de opschrijfmethode, de 'diet history'-methode en de voedselfrequentievragenlijst.

Strikt genomen kan observationeel epidemiologisch onderzoek alleen associaties vaststellen. Met dit type onderzoek kan niet bewezen worden dat een bepaalde blootstelling (voedselinname) de oorzaak is van een gezondheidseffect. Interventieonderzoek, mits gerandomiseerd en dubbelblind uitgevoerd (par. 2.3.7), is beter geschikt om causaliteit aan te tonen, maar de betekenis is soms beperkt door de korte duur van het onderzoek. Wanneer interventieonderzoek bij mensen niet mogelijk is, moeten bevindingen uit de observationele epidemiologie met andere vormen van wetenschappelijk onderzoek worden gecombineerd om uitspraken te kunnen doen over de mogelijke causaliteit van een verband.

2.1.5   Sterke en zwakke punten van voedingsepidemiologie

Voordelen Een van de voordelen van de voedingsepidemiologie is de directe relevantie voor de menselijke gezondheid. Epidemiologen zijn niet genoodzaakt te extrapoleren vanuit diermodellen of in-vitrosystemen. Uit hun onderzoeksresultaten kunnen risico's worden berekend, die direct te vertalen zijn in specifieke aanbevelingen voor nutriënteninname of voedselconsumptiepatronen. Bevindingen uit de voedingsepidemiologie kunnen soms direct toepassing hebben op voedselproductie en levensmiddelentechnologie. Zo is gebleken dat er een duidelijke associatie bestaat tussen een hoge inname van transvetzuren (gevonden in harde margarines en andere bewerkte plantaardige vetten) en een verhoogd risico op coronaire hartziekten. Als reactie hierop hebben margarineproducenten de hoeveelheid transvetzuren in margarine verlaagd. Ook in de horeca zijn initiatieven genomen om geharde frituurvetten te vervangen door vloeibaar frituurvet met maximaal 5 % transvetzuren en minimaal 65 % onverzadigde vetzuren.

Nadelen Waarschijnlijk is het grootste probleem in de voedingsepidemiologie de potentiële aanwezigheid van vele soorten bias. 'Bias' wordt gedefinieerd als een systematische vertekening die resulteert in over- of onderschatting van de sterkte van de aanwezige associatie. De belangrijkste vormen van bias worden beschreven in par. 2.4.

Voedingsepidemiologisch onderzoek moet zorgvuldig worden ontworpen en uitgevoerd om het optreden van bias zo veel mogelijk te voorkomen. Zo kan de gebruikte meetmethode van invloed zijn op de uitkomst van het onderzoek. Wanneer de voeding onnauwkeurig of op een verkeerd moment in de tijd wordt vastgesteld, kan een associatie die daadwerkelijk bestaat gemist worden. Ook is het mogelijk dat de populatie waarin het onderzoek wordt uitgevoerd te homogeen is ten aanzien van bepaalde voedingsgewoonten. Zo kan een verband tussen de inname van keukenzout en cardiovasculaire sterfte gemist worden in een populatie die in zijn totaliteit is blootgesteld aan te veel zout in de voeding, omdat er niet kan worden vergeleken met een lage zoutinname. Het voedingsonderzoek wordt verder bemoeilijkt door de rol van energie-inname, die logischerwijs verband houdt met de inname van specifieke voedingsstoffen. Een andere belangrijke verstorende factor ('confounder') betreft (over)gewicht, dat gerelateerd is aan voedingsgewoonten en een onafhankelijke risicofactor is voor allerlei ziekten. Om deze redenen moet verstandig worden omgegaan met epidemiologische bevindingen die een directe toepassing kunnen hebben op de menselijke gezondheid. In sommige gevallen kunnen de media en het publiek de bevindingen verkeerd beoordelen, met als gevolg ongefundeerde en soms zelfs schadelijke gedragsveranderingen.

Een ander probleem bij voedingsepidemiologie is de moeilijkheid om vast te stellen of een waargenomen associatie causaal is. Als er geen causaal verband aanwezig is, heeft een verandering van de blootstelling geen effect op het risico de desbetreffende ziekte te krijgen. Een voorbeeld is de associatie tussen koffieconsumptie en het risico op hart- en vaatziekten. Een verlaging van de koffieconsumptie heeft geen effect op het aantal mensen dat aan hart- en vaatziekten overlijdt omdat de associatie niet causaal is. In dit geval is er een andere, wel causale factor in het spel die samenhangt met het drinken van koffie, namelijk het roken van sigaretten.

2.2 Ziektefrequentiematen, associatiematen en standaardisering voor leeftijd

In epidemiologisch onderzoek wordt het optreden van ziekten uitgedrukt in zogeheten ziektefrequentiematen:

- prevalentie;
- incidentie;
- mortaliteit.

De ziektefrequenties van blootgestelde en niet-blootgestelde groepen worden met elkaar vergeleken, waarbij het gaat om het vinden van een associatie tussen de blootstelling en de desbetreffende ziekte. De richting en de sterkte van zo'n associatie worden uitgedrukt met behulp van associatiematen, zoals het relatieve risico, de 'odds-ratio' en het attributieve risico. Dit zijn maten die in feite zijn samengesteld uit schattingen van een ziektefrequentiemaat bij twee verschillende groepen. In deze paragraaf worden zowel ziektefrequentiematen als associatiematen behandeld.

2.2.1 Ziektefrequentiematen

Prevalentie

Prevalentie heeft betrekking op het percentage ziektegevallen in een populatie op een bepaald tijdstip. Zo leden tijdens de Framingham Study (een langlopend onderzoek naar coronaire hartziekten in de Verenigde Staten) 43 van de 941 mannen in de leeftijd van 45 tot 62 jaar aan een hartziekte, hetgeen een prevalentie is van 46 op de 1000 personen ofwel 4,6 %.

Het is belangrijk hierbij op te merken dat de prevalentie van een ziekte zowel veranderingen in de overlevingsduur van de patiënten laat zien als veranderingen in het optreden van de ziekte (incidentie). De prevalentie van diabetes mellitus nam bijvoorbeeld enorm toe na de ontdekking van insuline, omdat patiënten hierdoor niet meer kort na de diagnose overleden. Andere voorbeelden zijn de toename van hartfalen bij overlevenden van een myocardinfarct en de toename van het aantal kankerpatiënten door verbeterde therapie.

Voedingsepidemiologen zijn zowel geïnteresseerd in risicofactoren als in de ziekten zelf. De prevalentie van ziekte kan helpen een beeld te vormen van de ziektelast in de bevolking en de druk op de gezondheidszorg. Gegevens over de prevalentie van risicofactoren, zoals overgewicht en roken, kunnen landelijke overheden helpen prioriteiten te stellen ten aanzien van bepaalde interventies. De resultaten van een aantal grote onderzoeken in de Verenigde Staten (NHANES: National Health and Nutrition Examination Surveys) lieten bijvoorbeeld zien dat tussen 1976 en 2002 de prevalentie van overgewicht (BMI = 25 kg/m^2) toenam van 47 naar 65 %. Deze resultaten illustreren de noodzaak van extra aandacht voor deze risicofactor.

Incidentie

Het begrip 'incidentie' refereert aan het aantal *nieuwe* ziektegevallen in een bepaalde periode, veelal uitgedrukt per 1000 personen of 100.000 persoonsjaren. Er zijn twee incidentiematen die vaak gebruikt worden in epidemiologisch onderzoek, namelijk de cumulatieve incidentie en de incidentiedichtheid die in de

Tabel 2.1 Relatie tussen het roken van sigaretten en de incidentie van beroerte in een cohort van 118.539 vrouwen in de Verenigde Staten

rookgewoonten	aantal ziektegevallen	aantal persoonsjaren onder observatie	incidentiedichtheid per 100.000 persoonsjaren
nooit gerookt	70	395.594	17,7
ex-roker	65	232.712	27,9
roker	139	280.141	49,6
totaal	*274*	*908.447*	*30,2*

internationale literatuur ook wel worden aangeduid met 'incidence proportion' en 'incidence rate'. Met deze maten is het mogelijk om populaties van verschillende grootte met elkaar te vergelijken. Beide vormen van incidentie worden hierna beschreven.

Cumulatieve incidentie

De cumulatieve incidentie (CI; 'incidence proportion') = {(het aantal personen dat een ziekte krijgt in een bepaalde periode)/ (het aantal personen in de populatie dat de ziekte niet heeft aan het begin van deze periode)} $\times$ 10^n

De cumulatieve incidentie wordt meestal uitgedrukt in het aantal ziektegevallen per 1000 personen. Ter illustratie wordt in tab. 2.1 het resultaat weergegeven van een onderzoek naar het effect van roken op het krijgen van een beroerte. In dit onderzoek werden in een cohort van 118.539 Amerikaanse vrouwen 274 gevallen van beroerte geconstateerd. De cumulatieve incidentie is dan 0,0023 ofwel 2,3 per 1000 personen.

Incidentiedichtheid

De incidentiedichtheid (I; 'incidence rate') = {(het aantal personen dat een ziekte krijgt in een bepaalde periode)/ (de som van de tijdsperioden dat elke persoon in populatie ziektevrij is)} $\times$ 10^n

De incidentiedichtheid wordt meestal uitgedrukt per aantal persoonsjaren. Deze uitkomst wordt berekend door het aantal personen in het onderzoek te vermenigvuldigen met het aantal jaren dat het onderzoek wordt uitgevoerd. Het onderzoek naar het effect van roken op het krijgen van een beroerte werd uitgevoerd met 118.539 vrouwen en duurde acht jaar. De ziektevrije periode is dan $8 \times 118.539 = 948.312$ persoonsjaren. Het aantal geconstateerde gevallen van beroerte is dan 274 : 9,08 = 30,2 per 100.000 persoonsjaren (tab. 2.1). Deze berekening moet gezien worden als een schatting, aangezien niet alle 274 personen acht jaar ziektevrij zijn geweest.

Incidentiegegevens zijn nuttig omdat ze een directe maat zijn voor het aantal individuen in een populatie dat een bepaalde ziekte ontwikkelt. Verschillen in incidentie zijn soms echter moeilijk te interpreteren, omdat ze verbeteringen in de diagnostiek kunnen weergeven in plaats van veranderingen in het optreden van de ziekte zelf. De 46 % toename in de incidentie van prostaatkanker in de Verenigde Staten tussen 1973 en 1987 bijvoorbeeld, was toe te schrijven aan het toegenomen aantal screeningen en de beschikbaarheid van nieuwe en meer gevoelige technieken om prostaatkanker aan te tonen. Deze uitkomst geeft dus geen reële toename weer als gevolg van veranderingen in de voeding of andere risicofactoren.

Mortaliteit

Gegevens over de mortaliteit van een bepaalde aandoening zijn soms gemakkelijker verkrijgbaar dan incidentie- of prevalentiegegevens. Ze worden echter sterk beïnvloed door veranderingen in de behandeling van de ziekte en zijn dus niet zonder meer een maat voor het optreden van de desbetreffende ziekte. Voor sommige ziekten waarin voedingsepidemiologen zijn geïnteresseerd, zoals alvleesklierkanker, zijn mortaliteitsgegevens bijna gelijk aan de incidentiecijfers, omdat deze ziekten zich snel ontwikkelen en in de meeste gevallen fataal zijn. Bij andere ziekten kunnen de incidentie- en sterftepatronen echter heel verschillend zijn. Prostaatkanker is een goed voorbeeld: de 46 % toename van de incidentie van deze ziekte in de Verenigde Staten ging gepaard met een toename van de mortaliteit van slechts 7 %.

Voor sommige ziekten zijn mortaliteitsgegevens niet van belang omdat mensen er zelden aan sterven, al kunnen ze er wel onder lijden. Mensen overlijden bijvoorbeeld niet aan staar, maar de behandeling ervan drukt wel fors op het budget voor de gezondheidszorg. Als men een manier zou vinden om staar tegen te gaan, bijvoorbeeld door een betere voeding, zou dat voordeel opleveren, maar er zijn geen veranderingen in de mortaliteit te verwachten.

2.2.2 Associatiematen

Om te bepalen of er een associatie bestaat tussen de voedselinname en de ziekte en om de sterkte en de richting van deze associatie te schatten worden de verkregen gegevens statistisch geanalyseerd. In deze fase van het onderzoek worden de richting en de sterkte van een verband uitgedrukt in associatiematen. Dat zijn de relatieve associatiematen, zoals het relatieve risico, de 'hazard-ratio' en de odds-ratio, en de maten die een risicoverschil tussen groepen aanduiden, zoals het attributieve risico. Verder moet rekening worden gehouden met mogelijke effecten van confounders (verstorende factoren). Door middel van stratificatie of met behulp van statistische regressiemethoden kan voor confounders worden gecorrigeerd (par. 2.4.3).

Het relatieve risico

Het relatieve risico is de verhouding tussen de cumulatieve incidentie ('incidence proportion ratio') of de incidentiedichtheid ('incidence rate ratio') bij mensen die blootgesteld zijn aan een bepaalde factor en mensen die niet blootgesteld zijn aan deze factor. De kans op een uitkomst wordt wel een 'hazard' genoemd en de 'hazard-ratio' is een maat die soms gebruikt wordt in plaats van het relatieve risico, vooral in onderzoek naar overlevingsduur.

Als het relatieve risico groter is dan 1, lopen de mensen die blootgesteld zijn een verhoogd risico op het krijgen van de ziekte ten opzichte van mensen die niet zijn blootgesteld. Is het relatieve risico kleiner dan 1, dan hebben de mensen die blootgesteld zijn een verlaagd risico op het krijgen van de ziekte. Bijvoorbeeld: in een Spaans onderzoek naar blaaskanker hadden mensen met een hoge inname van verzadigd vet een relatief risico van 2,30. Dit houdt in dat zij een meer dan tweemaal zo grote kans hadden op blaaskanker dan mensen met een lage inname van verzadigd vet. In een Italiaans onderzoek naar colonkanker hadden mensen met een hoge bètacaroteeninname een relatief risico van 0,35. Dit betekent dat zij ongeveer een derde van het risico op colonkanker hadden ten opzichte van mensen met een lage bètacaroteeninname.

Relatieve risico's kunnen worden gebruikt om de sterkte van verschillende associaties met elkaar te vergelijken. Het relatieve risico op longkanker bij mensen met een lage inname van fruit en groente ten opzichte van mensen met een hoge inname is ongeveer 2,0. Het relatieve risico op longkanker bij rokers ten opzichte van niet-rokers is 10,0. Het is duidelijk dat de associatie van longkanker met roken veel sterker is dan die met de inname van fruit en groente.

De overheid kan gebruikmaken van relatieve risico's om zich te richten op het terugdringen van de belangrijkste risicofactoren voor een bepaalde ziekte. Dit hangt in het algemeen natuurlijk ook af van de prevalentie van deze risicofactoren. In het geval van longkanker bijvoorbeeld zou de preventie voornamelijk gericht moeten zijn op het stoppen met roken. Het stimuleren van een verhoogde fruit- en groenteconsumptie kan van nut zijn, maar is minder belangrijk dan het stoppen met roken.

De odds-ratio

De term 'odds' is de kans op een gebeurtenis ten opzichte van de kans dat die gebeurtenis niet plaatsvindt. Het berekenen van een odds-ratio is een manier om in een patiënt-controleonderzoek (zie par. 2.3.3) het relatieve risico te schatten.

> De odds-ratio = (aantal blootgestelden met de ziekte: aantal niet-blootgestelden met de ziekte)/(aantal blootgestelden zonder de ziekte: aantal niet-blootgestelden zonder de ziekte)

Ten aanzien van relatief zeldzame ziekten is de odds-ratio een goede benadering van het relatieve risico. Een odds-ratio groter dan 1 betekent een verhoogd risico en een odds-ratio kleiner dan 1 een verlaagd risico. Ter illustratie: in een onderzoek hadden vrouwen met een lage concentratie bètacaroteen in het bloed een odds-ratio voor baarmoederhalskanker van 3,1. Dat houdt in dat de kans dat deze vrouwen baarmoederhalskanker krijgen ruim driemaal groter is dan de kans daarop bij vrouwen met een hoge concentratie bètacaroteen. In een ander onderzoek hadden personen die vroeger borstvoeding hadden gekregen, een odds-ratio van 0,74 voor borstkanker. Dit betekent dat hun kans op borstkanker ongeveer 26 % lager was dan de kans bij vrouwen die als baby geen borstvoeding hadden gehad.

Het attributieve risico

Het attributieve risico, ook wel het risicoverschil genoemd, is het verschil in incidentie tussen de blootgestelde en de niet-blootgestelde groep. Het is een maat die het risico weergeeft om een bepaalde ziekte te krijgen als gevolg van de blootstelling. Als bijvoorbeeld in tab. 2.1 het risico op een beroerte van vrouwen die roken wordt vergeleken met dat van vrouwen die nooit hebben gerookt, wordt een verschil in incidentiedichtheid gevonden van (49,6 – 17,7 =) 31,9 per 100.000 persoonsjaren.

Het populatieattributieve risicopercentage (PAR%) is een maat die samenhangt met het attributieve risico. Het is de fractie van alle ziektegevallen in een populatie die toegeschreven kunnen worden aan een bepaalde blootstelling. Deze maat is nuttig om vast te stellen of pogingen om een risicofactor grootschalig aan te pakken substantiële effecten kunnen hebben op de volksgezondheid. Voor de gegevens in tab. 2.1 wordt het PAR% als volgt berekend: (30,2 – 17,7): 30,2 × 100 % = 41 %. Dat betekent dat wanneer de blootstelling (roken) volledig wordt weggenomen, de incidentie van beroertes in de gehele populatie met 41 % afneemt. Het PAR% hangt dus niet alleen af van het risicoverschil tussen wel- en niet-blootgestelden, maar ook van de prevalentie van de risicofactor.

2.2.3 Standaardisering voor leeftijd

De meeste ziekten waarvoor voedingsepidemiologen zich nadrukkelijk interesseren, komen niet even vaak voor onder jonge als onder oude mensen. Hart- en vaatziekten, kanker en osteoporose bijvoorbeeld komen veel frequenter voor naarmate de leeftijd stijgt. In een bevolking die voor een groot deel uit oudere mensen bestaat (zoals de huidige West-Europese en Noord-Amerikaanse bevolking) is de prevalentie van de genoemde ziekten veel hoger dan in jongere bevolkingen, zoals die van ontwikkelingslanden.

Voor een zinvolle vergelijking van ziektefrequenties in populaties met verschillende leeftijdsstructuren is het daarom nodig rekening te houden met leeftijdseffecten. Dit gebeurt door ziektefrequenties in specifieke leeftijdscategorieën met elkaar te vergelijken (bijv. de incidentie van beroerte onder vrouwen tussen de

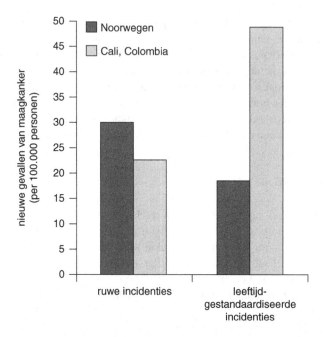

Figuur 2.1 Vergelijking van ziektefrequentie in verschillende populaties

60 en 64 jaar) of door een techniek toe te passen die 'leeftijdstandaardisering' wordt genoemd. Met behulp van deze techniek wordt het verschil in leeftijdsverdeling in de onderzoekspopulatie ten opzichte van een gestandaardiseerde referentiepopulatie aangepast.

Ter illustratie een voorbeeld over de incidentie van maagkanker bij mannen in Noorwegen en de stad Cali in Colombia (fig. 2.1; Margetts en Nelson 1991). Voor alle leeftijdsgroepen is de incidentie van maagkanker in Cali hoger dan in Noorwegen. Maar aangezien de bevolking in Noorwegen een andere leeftijdsverdeling heeft (18 % van de mannen in Noorwegen is 60 jaar of ouder vergeleken met 5 % in Cali), is de incidentie in Noorwegen iets hoger dan in Cali (29,7 per 100.000 versus 23,2 per 100.000). Na standaardisering voor leeftijd ontstaat echter een ander beeld. De frequentie voor Noorwegen is nu 18,1 per 100.000 en die voor Cali 48,3 per 100.000. Deze cijfers geven de leeftijdspecifieke frequenties weer en leiden tot de correcte veronderstelling dat mannen in Cali aan meer risicofactoren voor maagkanker blootgesteld zijn dan mannen in Noorwegen.

2.3   Epidemiologische designs

Epidemiologisch onderzoek kan op twee manieren worden geclassificeerd (fig. 2.2; Lilienfeld en Stolley 1994). De eerste manier is een indeling in beschrijvend en analytisch onderzoek.

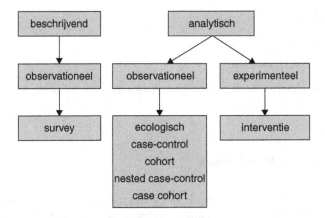

Figuur 2.2 Verschillende soorten epidemiologische onderzoeken

Beschrijvend onderzoek Een beschrijvend onderzoek is een onderzoek naar de frequentie en verdeling van ziekten, risicofactoren of blootstellingen in een populatie. Het is vaak de eerste stap in een epidemiologisch onderzoek. In een beschrijvend onderzoek verzamelen onderzoekers gegevens over een aantal factoren, zoals voedselinname, biochemische markers, voedingsstatus, risicofactoren voor ziekten en de incidentie van ziekten. Deze factoren kunnen vervolgens vergeleken worden tussen verschillende typen personen: mensen die verschillen in leeftijd, geslacht, erfelijke aanleg, etnische achtergrond of sociaaleconomische status. Ook zijn deze factoren te vergelijken tussen personen die op verschillende plaatsen leven, en wanneer onderzoeken herhaald worden is informatie te verkrijgen over veranderingen in de tijd. Gegevens die gegenereerd zijn door beschrijvende epidemiologie kunnen worden gebruikt om variaties in de verdeling van ziekten of voedingsfactoren vast te stellen.

Analytisch onderzoek De analytische epidemiologie kijkt naar de oorzaken van ziekten in de onderzoekspopulatie. Er wordt volgens een vooraf vastgesteld design gewerkt, dat als doel heeft om uiteindelijk een verband vast te stellen tussen de blootstelling en de ziekte. Analytisch epidemiologisch onderzoek kan worden ingedeeld in observationeel en experimenteel onderzoek. Dit is de tweede manier waarop epidemiologisch onderzoek kan worden geclassificeerd. Bij observationeel onderzoek oefent de onderzoeker geen invloed uit op de blootstelling. Er worden enkel metingen gedaan. Bij experimenteel onderzoek of interventieonderzoek wordt daarentegen wél invloed uitgeoefend op de blootstelling, namelijk dat de onderzoeker de blootstelling aan de deelnemer toewijst.

De afzonderlijke designs die in de voedingsepidemiologie worden gebruikt zijn:

– dwarsdoorsnedeonderzoek, ook wel 'cross-sectional study' genoemd;
– transversaal onderzoek ofwel 'survey';
– ecologisch onderzoek;
– patiënt-controleonderzoek;

- cohortonderzoek;
- nested case-controle;
- case-cohortonderzoek;
- interventieonderzoek ('trial').

Elk van deze designs heeft sterke en zwakke punten die hier nader worden besproken.

2.3.1 Ecologisch onderzoek

Ecologisch onderzoek maakt gebruik van geaggregeerde data. Dit zijn gegevens op groepsniveau die meestal routinematig voor andere doeleinden verzameld zijn. Sterftecijfers kunnen bijvoorbeeld vergeleken worden tussen verschillende beroepsgroepen om zo een idee te krijgen over sociaaleconomische gezondheids-verschillen. De associatie wordt hierbij dus niet op individueel niveau, maar op geaggregeerd niveau vastgesteld. Omdat ecologisch onderzoek relatief snel en niet duur is, wordt het meestal in een vroeg onderzoeksstadium gebruikt om nieuwe hypothesen te genereren.

Eind jaren dertig van de vorige eeuw werd ontdekt dat het gebruik van drink-water met hoge fluorideconcentraties leidde tot spikkels op het tandglazuur. Tandartsen observeerden dat mensen met spikkels op de tanden minder gaatjes hadden en vormden de hypothese dat fluoride misschien gaatjes voorkomt. De volksgezondheidsautoriteiten in de Verenigde Staten testten deze hypothese door middel van een ecologisch onderzoek. In dertien steden, waar de concentraties flu-oride in het drinkwater aanzienlijk verschilden, werden de gebitten van kinderen op gaatjes onderzocht. De resultaten, die in 1942 gerapporteerd werden, lieten zien dat het aantal gaatjes afnam met een toenemende hoeveelheid fluoride in drink-water. Deze ecologische bevindingen gaven aanleiding voor latere experimentele onderzoeken die er uiteindelijk toe hebben geleid dat de hoeveelheid fluoride in het drinkwater in de Verenigde Staten is aangepast.

Een veelvoorkomend type ecologisch onderzoek in de voedingsepidemiologie is een 'cross-cultural correlation'-onderzoek. Hierbij worden voedselconsumptie-gegevens en ziektefrequenties in verschillende landen of geografische gebieden aan elkaar gekoppeld. Dit type onderzoek speelde een belangrijke rol in de begin-stadia van het onderzoek naar voeding en kanker. In 1975 onthulde zo'n onder-zoek een positieve relatie tussen vlees- en vetconsumptie in verschillende landen en de frequentie van borst- en darmkanker in die landen.

Voor- en nadelen In sommige gevallen is ecologisch onderzoek de enige manier waarop een hypothese kan worden getoetst. Een voorbeeld hiervan is de meting van blootstelling aan bepaalde typen straling, zoals die van een zendmast. Onderzoekers kunnen de blootstelling van een stad of gemeente vrij gemakke-lijk bepalen en vergelijken met gegevens over de gezondheid van deze stad of gemeente.

Het grootste nadeel van ecologisch onderzoek is dat de resultaten op groepsniveau niet zonder meer naar individueel niveau vertaald kunnen worden. Bijvoorbeeld: wanneer geaggregeerde data laten zien dat populaties met een hoge vetinname hogere frequenties hart- en vaatziekten hebben, volgt hieruit niet vanzelfsprekend dat individuen die een hartaanval hebben gekregen grotere hoeveelheden vet hebben geconsumeerd. Ook betekent dit niet dat verschillen in vetinname de oorzaak zijn van de hoge frequentie van coronaire ziekten. De populaties zouden ook in andere opzichten van elkaar kunnen verschillen, bijvoorbeeld in leeftijd, geslacht en sociaaleconomische status, factoren die het risico op coronaire aandoeningen eveneens beïnvloeden.

Confounding (par. 2.4.3), de kwaliteit van de gegevens over blootstelling en het ontbreken van informatie op individueel niveau vormen dus beperkingen van dit type onderzoek.

2.3.2 Dwarsdoorsnedeonderzoek

Het dwarsdoorsnedeonderzoek of 'survey' is vrij eenvoudig en relatief goedkoop. Om deze reden wordt het vaak in een vroeg onderzoeksstadium uitgevoerd. In een dwarsdoorsnedeonderzoek worden prevalenties van ziekten en determinanten gemeten. In de meeste gevallen is dit onderzoek beschrijvend van aard, maar het kan ook analytisch zijn. In dat geval worden blootstellingen en ziekten die gelijktijdig gemeten zijn, met elkaar in verband gebracht. Ter illustratie: een onderzoeker wil nagaan of lichamelijke inactiviteit een verminderde longfunctie tot gevolg heeft. Daartoe worden de resultaten van een longfunctietest gecorreleerd aan gegevens uit een vragenlijst over lichamelijke activiteit die tijdens hetzelfde bezoek aan het onderzoekscentrum is afgenomen.

Wanneer een dwarsdoorsnedeonderzoek analytisch is, rijst echter de vraag of de blootstelling daadwerkelijk vooraf is gegaan aan het effect. Dit is namelijk een vereiste om een causaal verband te kunnen aantonen. In het genoemde voorbeeld kan het zo zijn dat personen ten gevolge van een verminderde longfunctie lichamelijk minder actief zijn geworden, hetgeen een vertekend beeld geeft.

Wanneer een dwarsdoorsnedeonderzoek beschrijvend is, worden er geen associatiematen berekend tussen blootstelling en effect. Een voorbeeld van een beschrijvend dwarsdoorsnedeonderzoek is de nationale voedselconsumptiepeiling (VCP) die in Nederland al diverse malen gehouden is. Deze peiling geeft inzicht in de consumptie van voedingsmiddelen en de daaruit berekende inname van voedingsstoffen in verschillende groepen van de Nederlandse bevolking. Dit type onderzoek is bijvoorbeeld van belang voor het ontwikkelen van voedingsbeleid.

Voor- en nadelen Een voordeel van een dwarsdoorsnedeonderzoek is dat het, doordat het een relatief eenvoudig en goedkope studieopzet is, snel een idee kan geven of een bepaalde blootstelling wel of niet verband houdt met een bepaalde ziekte. Dit design kan aanleiding geven tot het genereren van nieuwe hypotheses voor onderzoek. Vaak wordt dit soort onderzoek toegepast in een vroeg stadium als men nog niet weet wat mogelijke oorzaken zijn van een ziekte. Ook kan men de ziektefrequentie bepalen door middel van een dwarsdoorsnedeonderzoek. Nadeel is dat de blootstelling aan een determinant niet voorafgaat aan de ziekte in de tijd omdat je beide meet op hetzelfde meetmoment, waardoor de relatie oorzaak-gevolg niet duidelijk is. Als een ziekte van korte duur is, dan is een dwarsdoorsnedeonderzoek niet geschikt, aangezien de ziekte gemist kan worden door te meten op een bepaald moment.

2.3.3 Patiënt-controleonderzoek

Bij een patiënt-controleonderzoek worden patiënten en controlepersonen (gelijksoortige personen zonder de ziekte) meestal uit één populatie geselecteerd, waarbij zij als representatief voor deze populatie worden beschouwd. Voor beide groepen wordt vervolgens de blootstelling aan mogelijke risicofactoren gemeten. Patiënt-controleonderzoek is retrospectief, hetgeen inhoudt dat het is gericht op blootstellingen die hebben plaatsgevonden in het verleden en die de huidige gezondheid van de persoon beïnvloed kunnen hebben (fig. 2.3a; Ahlbom en Norell 1984).

Een voorbeeld van een patiënt-controleonderzoek is een onderzoek naar de relatie tussen de consumptie van chilipepers en maagkanker in Mexico-Stad. Uit de populatie werden 220 patiënten met maagkanker en 752 controlepersonen geselecteerd en ondervraagd over hun chilipeperconsumptie en een aantal andere aspecten van hun voeding. Gevonden werd dat de kans op maagkanker bij personen die chilipeper eten, groter is dan bij personen die geen chilipeper eten.

Voor- en nadelen Patiënt-controleonderzoek heeft een aantal voordelen. Een groot aantal potentiële risicofactoren kan tegelijkertijd onderzocht worden. Verder is het relatief snel uitvoerbaar en niet duur vergeleken met cohortonderzoek. Het is een efficiënt design om zeldzame ziekten te onderzoeken. Ook is het een voordeel dat patiënten en controlepersonen 'gelijkgemaakt' ('gematcht') kunnen worden met betrekking tot belangrijke factoren die op dat moment niet worden onderzocht. Een voorbeeld van matchen is een onderzoek naar longkanker waarbij roken een belangrijke confounder is. Wanneer patiënten en controlepersonen zodanig geselecteerd worden dat ze vrijwel dezelfde rookgewoonten hebben, kan de aandacht gericht worden op andere factoren zoals de voeding. Zelfs wanneer geen matching plaatsvindt, is het toch belangrijk om informatie te verzamelen over factoren die van invloed kunnen zijn op het risico om de ziekte te krijgen, zodat voor deze factoren tijdens het analysestadium van het onderzoek correcties uitgevoerd kunnen worden.

Er zitten ook nadelen aan het patiënt-controleonderzoek. Voor dit type onderzoek moeten onderzoekers informatie verzamelen over blootstellingen die in het verleden hebben plaatsgevonden, wat een moeilijke taak is. Het geheugen van mensen laat soms te wensen over, zeker als het gaat om voedsel dat ze

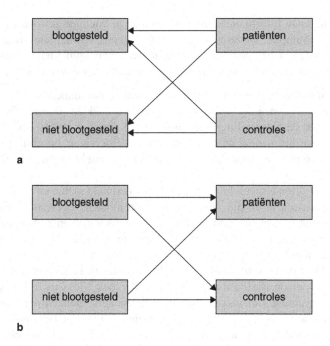

Figuur 2.3 Basisprincipe van **a** een patiënt-controleonderzoek en **b** een cohortonderzoek
Bron: Ahlbom en Norell 1984

in het verleden gegeten hebben. Bovendien kunnen patiënten en controleperso-nen verschillen in hun herinnering ten aanzien van de blootstelling ('recall bias', par. 2.4.2) en daarom is het soms niet mogelijk om objectieve gegevens over de blootstelling te verkrijgen. Een ander en minstens zo belangrijk aspect is dat de blootstelling als gevolg van de ziekte kan zijn veranderd. Ten slotte blijkt het in de praktijk erg lastig te zijn om de juiste controlegroep te kiezen.

2.3.4 Cohortonderzoek

Een cohortonderzoek, ook wel een 'follow-up' of longitudinaal onderzoek genoemd, gaat uit van een groep mensen ('cohort') die ziektevrij is, in tegen-stelling tot een patiënt-controleonderzoek waarbij geselecteerd wordt op het al dan niet hebben van de ziekte. In het cohort wordt informatie verzameld over de blootstelling aan risicofactoren, waaronder voedingsfactoren. Vervolgens wordt de groep mensen gedurende een bepaalde periode gevolgd om te zien wie de ziekte wel en niet ontwikkelen. Daarna wordt de ziektefrequentie onder personen die blootgesteld zijn aan een bepaalde risicofactor vergeleken met de frequentie onder personen die niet zijn blootgesteld (fig. 2.3b). Ter illustratie: in Zutphen werd een cohortonderzoek naar risicofactoren voor hart- en vaatziekten uitgevoerd. In 1970 gaven 552 mannen informatie over hun toenmalige voedingsgewoonten, waaronder hun visconsumptie. Gedurende de daaropvolgende vijftien jaar kregen 42 van de ondervraagde mannen een beroerte. De onderzoekers ontdekten dat mannen die geen vis aten, vaker een beroerte kregen dan mannen die wel vis aten.

Voor- en nadelen Een groot voordeel van een cohortonderzoek is het prospectieve design. Daarnaast kunnen er meerdere ziekten onderzocht worden. Informatie over de blootstelling hoeft niet uit het verleden gehaald te worden, in tegenstelling tot het patiënt-controleonderzoek. Verder is er bij cohortonderzoek minder kans op bias omdat de informatie wordt verzameld voordat de ziekte zich ontwikkelt.

Wat een cohortonderzoek lastig maakt, is het herhaald meten en volgen van een grote groep mensen in de tijd. Van elke persoon moeten gegevens worden bijgehouden, hetgeen ook medewerking van de proefpersoon vereist. Aangezien ziektefrequenties laag zijn, ook voor veelvoorkomende ziekten, is het vaak nodig een groot aantal mensen gedurende een lange tijd te volgen om zinvolle resultaten te verkrijgen. Voor de betrouwbaarheid van het onderzoek is het gewenst dat er zo min mogelijk personen afhaken tijdens het onderzoek ('loss to follow-up'), hetgeen veel inspanning kan vergen van de onderzoekers. Behalve de blootstelling moeten ook alle mogelijke confounders gemeten worden in het onderzoek, wat inhoudt dat bij deelnemers vaak een groot aantal vragenlijsten, lichamelijke onderzoeken en/of laboratoriumtests worden afgenomen. Deze complexiteit maakt het cohortonderzoek een kostbare vorm van epidemiologisch onderzoek.

2.3.5   Nested case-controleonderzoek

Een nested case-controleonderzoek is een patiënt-controleonderzoek dat is ontworpen binnen een bestaande cohortstudie. 'Nested' betekent hier dat de cases (patiënten met bijvoorbeeld suikerziekte) en de controles (patiënten zonder suikerziekte) uit een groot cohortonderzoek geëxtraheerd zijn. Hierdoor omzeilen de onderzoekers een aantal tekortkomingen van een klassieke patiënt-controlestudie. Door het prospectieve karakter van een cohort, waarbij de blootstelling is verzameld voordat de ziekte optrad, kan men in een nested case-controleonderzoek wel naar oorzaak-gevolgverbanden kijken. Door optimaal gebruik te maken van de dataverzameling binnen een cohortstudie, kan men bijvoorbeeld ook biomarkermetingen uitvoeren in bloed dat al bij aanvang van het cohort was afgenomen, dus voor de ziekte is opgetreden.

Voor- en nadelen Een nested case-controleonderzoek wordt vaak gebruikt als het meten van de blootstelling, zoals biomarkers, duur is en de ziekte-uitkomst zeldzaam. Het opzetten van een compleet nieuwe patiënt-controlestudie wordt hiermee vermeden. Er wordt optimaal gebruikgemaakt van een bestaand cohort en met het meten van één blootstelling reduceert men kosten en tijd, waardoor dit een efficiënt design is. Verstoring van andere factoren (confounding) en recall bias zijn

minder aanwezig dan in een klassiek patiënt-controleonderzoek omdat alle factoren op dezelfde manier en voorafgaand aan de ziekte verzameld zijn bij patiënten
en controles, waardoor men de associatie tussen blootstelling en ziekte beter kan
schatten.

2.3.6 Case-cohortonderzoek

Een case-cohortonderzoek is een geavanceerde studieopzet die net als een nested
case-controleonderzoek gebruikmaakt van een bestaande cohortstudie. In een
case-cohortdesign worden cases gedefinieerd als alle deelnemers binnen een
cohort die de ziekte ontwikkelen, maar controles worden in het begin van het
onderzoek vastgesteld op basis van een random steekproef vanuit het totale cohort,
ongeacht of men de ziekte later ontwikkelt of niet.

Voor- en nadelen Een voordeel van een case-cohortonderzoek is het flexibele
design omdat dezelfde controlegroep gebruikt kan worden voor de vergelijking
met verschillende case-groepen (bijvoorbeeld met darmkankercases, maar ook met
borstkankercases) uit hetzelfde cohort. Complexe statistische analyses zijn nodig
om een case-cohortstudie te analyseren. Dit type studiedesign wordt gebruikt om
kosten van onderzoek te verlagen, omdat niet het hele cohort gemeten hoeft te
worden. Selectiebias is gereduceerd omdat zowel cases als non-cases uit dezelfde
populatie afkomstig zijn. Informatiebias is ook minder aanwezig omdat de blootstelling wordt gemeten door de onderzoeker, terwijl deze niet weet of deelnemers
ziek worden. Dit type design is minder geschikt als er grote aantallen deelnemers
uit de studie verdwijnen ('loss to follow-up') of wanneer de blootstelling verandert
in de tijd en er meerdere meetmomenten nodig zijn.

2.3.7 Interventieonderzoek

Het gerandomiseerde interventieonderzoek ('trial') verschilt van alle andere typen
onderzoek die tot dusverre zijn besproken doordat het experimenteel van aard
is. De onderzoekers rekruteren de proefpersonen en die worden willekeurig ('at
random') geplaatst in een groep die wel of geen behandeling krijgt. In het ideale
geval weten de proefpersonen en onderzoekers zelf niet in welke groep de deelnemers geplaatst zijn (dubbelblind onderzoek). Dit effect wordt bereikt door de
groep die geen behandeling krijgt een identieke, inactieve placebo te geven en
door pas aan het eind van het onderzoek te vertellen welke behandeling de proefpersonen hebben ondergaan. Aan het eind van het onderzoek wordt de behandelde
groep vergeleken met de placebogroep om te zien of er een verschil in bepaalde
gezondheidseffecten te meten is (fig. 2.4). Het is belangrijk dat alle personen die
in het onderzoek gerandomiseerd zijn, worden meegenomen in de statistische

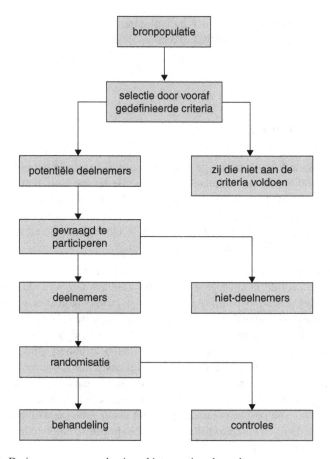

Figuur 2.4 Design van een gerandomiseerd interventieonderzoek

analyse (het zogeheten 'intention-to-treat'-principe) om te voorkomen dat het onderzoeksresultaat een vertekend beeld geeft ten gevolge van de eventuele uitval van specifieke proefpersonen.

Voor- en nadelen Het voornaamste voordeel van interventieonderzoek is dat er direct een oorzakelijk verband afgeleid kan worden, mits het onderzoek onberispelijk is uitgevoerd. Afgezien van de steekproefvariatie kan men ervan uitgaan dat elk verschil dat optreedt tussen de interventie- en placebogroep toegeschreven kan worden aan de behandeling als het onderzoek dubbelblind is uitgevoerd, de deelnemers voldoende therapietrouw ('compliant') zijn geweest en de uitval van deelnemers aan het onderzoek ('drop-out') beperkt is gebleven.

Interventieonderzoek brengt ethische overwegingen mee die niet aan de orde zijn bij observationeel onderzoek. Als het op voorhand aannemelijk is dat de interventie een nadelige uitwerking kan hebben op de gezondheid, is het onethisch om een groep mensen die behandeling op te leggen. Tegelijkertijd moeten onderzoekers er niet van overtuigd zijn dat de interventie effectief is, anders zou het ethisch onverantwoord zijn om de controlepersonen de behandeling te onthouden. Bijvoorbeeld: ook al zouden onderzoekers graag meer onderzoek doen naar de suppletie van foliumzuur rond de conceptie, het is zeer onwaarschijnlijk dat een ethische commissie interventieonderzoek zou goedkeuren. De gunstige effecten van foliumzuur zijn in eerder onderzoek zo duidelijk naar voren gekomen dat het ongeoorloofd zou zijn om vrouwen dit te onthouden.

Hoewel een dubbelblinde uitvoering de voorkeur heeft, blijkt dit bij interventieonderzoek op het gebied van voeding en leefstijl vaak niet mogelijk. Een voorbeeld hiervan is de Oslo-studie waarbij mannen willekeurig wel of niet in een experimentele groep geplaatst werden en individueel advies kregen over stoppen met roken en over een gezonde voeding die de risico's op hart- en vaatziekten verkleint. In dit geval moesten de proefpersonen over hun behandeling worden geïnformeerd. Bij sommige interventieonderzoeken kan de behandeling geheim gehouden worden door de actieve stof in capsules te doen. Wanneer de interesse ligt bij stoffen in voedingsmiddelen is een geïsoleerde stof misschien niet de beste benadering van de werkelijkheid. Vitaminen, calcium of visoliesupplementen zijn misschien gemakkelijk toe te dienen, maar de effecten ervan hoeven niet hetzelfde te zijn als die van groente, zuivel of vis. De wetenschappelijke zuiverheid van uitspraken op nutriëntenniveau en de betekenis van resultaten op het niveau van voedsel zijn daardoor niet altijd eenvoudig met elkaar te combineren.

In veel gevallen kunnen gezondheidseffecten van voedingsfactoren pas na lange tijd gemeten worden. Het is meestal niet mogelijk om deze langetermijneffecten in een trial te bestuderen omdat het lastig is om proefpersonen gedurende lange tijd bepaalde interventies op te leggen. Een voorbeeld van een langdurige trial is een onderzoek in Finland naar het effect van de suppletie van bètacaroteen op het risico op longkanker bij mannen die roken (The Alpha-Tocopherol Beta-Carotene Cancer Prevention Study Group 1994). In dit onderzoek moesten de proefpersonen gedurende zes jaar een placebo of een bètacaroteensupplement innemen. Dit onderzoek moest overigens voortijdig worden gestopt, omdat de personen die suppletie kregen tegen de verwachting in een verhoogd risico op longkanker hadden.

Ten slotte is een nadeel van een interventieonderzoek dat er maar één of twee factoren tegelijkertijd onderzocht kunnen worden. Vanwege de beperkte middelen kunnen slechts enkele van de meest intrigerende hypothesen met betrekking tot voeding en ziekten op deze manier worden bestudeerd. Vandaar dat veel van onze kennis over het zeer complexe voedingspatroon en de gezondheid niet op het ideaaltypische interventieonderzoek kan worden gebaseerd. Cohortonderzoek en voor zeer zeldzame ziekten het patiënt-controleonderzoek, aangevuld met mechanistische argumenten, blijven een belangrijke rol vervullen.

2.4 Fouten in epidemiologisch onderzoek

In de voorgaande paragrafen zijn verschillende designs beschreven die in de voedingsepidemiologie gebruikt worden. De diverse onderzoeken resulteren uiteindelijk in geschatte associatiematen. De vraag is nu hoe goed die associaties geschat zijn en of er geen fouten zijn gemaakt bij de opzet en de uitvoering van het onderzoek.

Er kunnen twee soorten fouten gemaakt worden bij het schatten van associaties: toevallige fouten en systematische fouten. Een toevallige fout wordt veroorzaakt door 'random' fluctuaties in de meetmethode. Toevallige fouten leiden tot een verminderde precisie van de associatie en soms een verzwakking van de associatie. Maar door herhaalde schattingen te doen zal de toevallige fout minimaal worden. Een toevallige fout kan gekwantificeerd worden en heeft geen verregaande consequenties voor de validiteit van de geschatte associatie. Een systematische fout (ook wel bias genoemd) bedreigt wél de validiteit van een geschatte associatie. Want ook bij herhaalde schattingen blijft een systematische fout even groot.

Systematische fouten kunnen ontstaan wanneer onjuistheden in de meetmethode aanwezig zijn, wanneer onzuivere ijkstandaarden, balansen enzovoort worden gebruikt of wanneer fouten optreden in de rekenmethode. Systematische fouten kunnen ook optreden als gevolg van de manier waarop de proefpersonen geselecteerd zijn (selectiebias), de manier waarop de variabelen gemeten zijn (informatiebias) of door de aanwezigheid van confounders waarvoor niet (volledig) gecorrigeerd is (confounding).

2.4.1   Selectiebias

Selectiebias wordt veroorzaakt door de selectie van proefpersonen en treedt op als de proefpersonen niet representatief zijn voor de populatie die men wil onderzoeken of wanneer er een verschil is in de selectie van proefpersonen tussen de onderzoeksgroepen. De associatie tussen blootstelling en ziekte kan verschillend zijn bij proefpersonen en personen die niet (willen) deelnemen aan een onderzoek. In de meeste gevallen is die laatste associatie niet bekend. Personen die erg met hun gezondheid bezig zijn, zijn eerder geneigd aan bepaalde onderzoeken deel te nemen. Indien zij daadwerkelijk gezonder eten en minder ziekten hebben, zijn zij als proefpersonen niet representatief voor de algemene bevolking. Het omgekeerde komt ook voor: personen die bezorgd zijn over hun gezondheid omdat ze er een ongezonde leefstijl op nahouden, kunnen extra gemotiveerd zijn om deel te nemen aan een onderzoek. Beslissingen van potentiële deelnemers om al dan niet mee te doen aan een onderzoek, kunnen dus selectiebias veroorzaken, net zoals keuzes die onderzoekers maken.

Bij een observationeel onderzoek naar de effecten van blootstelling aan schadelijke stoffen tijdens het werk is de keuze van de niet-blootgestelde groep essentieel. Een vergelijking van personeel uit de chemische industrie met even oude personen uit de algemene bevolking kan problemen opleveren. Het valt te verwachten dat het personeel gezonder is (ondanks de eventuele gevolgen van de blootstelling) dan de niet-blootgestelden omdat die laatste groep ook personen omvat die te ziek zijn om te werken. Een groep personen werkzaam in een andere sector is in dit geval dus een betere keuze als niet-blootgestelde groep. Ook kan de werving ongewenste selectie tot gevolg hebben. Het gebruik van de registratie van huisartsen heeft als gevolg dat personen die niet ingeschreven staan bij een huisarts buiten beschouwing blijven. Deze groep kan echter afwijken van de proefpersonen.

2.4.2 Informatiebias

We spreken van informatiebias als er een fout in de associatie is opgetreden als gevolg van een fout bij het meten van de variabelen. Een patiënt-controleonderzoek in de Verenigde Staten liet een significant inverse associatie zien tussen de inname van folaat via de voeding en het risico op een hartaanval in een groep mannen en vrouwen. In dit onderzoek is het de vraag hoe nauwkeurig de folaatinname bepaald is. Folaat is heel labiel en kleine verschillen in verwerking, bereiding of opslag van voedsel kunnen leiden tot grote verschillen in folaatconcentraties. Wegens de grote variabiliteit in de folaatconcentraties in de voeding kan er willekeurige misclassificatie hebben plaatsgevonden van de folaatinname van de proefpersonen. Dat leidt doorgaans tot een verzwakking van de associatie.

'Recall bias' is een vorm van informatiebias en kan optreden in patiënt-controleonderzoek wanneer deelnemers worden geïnterviewd om informatie over de blootstelling te verzamelen nadat de ziekte is opgetreden. Er wordt verondersteld dat patiënten zich meer kunnen herinneren als het gaat om mogelijke blootstellingen die verband zouden kunnen houden met de ziekte die zij inmiddels hebben. Voor de controlepersonen speelt dit geen rol en zij zouden zich bepaalde blootstellingen minder goed kunnen herinneren. Of het zou zo kunnen zijn dat patiënten hun blootstelling aan een schadelijke stof of voedingsmiddel overschatten als ze denken dat dat de oorzaak van hun ziekte is. Ook dit treedt niet op bij de controlepersonen.

Het is dus van belang twee soorten fouten te onderscheiden die gemaakt kunnen worden bij het meten van variabelen:

- differentiële fouten;
- niet-differentiële fouten.

Differentiële fouten zijn fouten die verschillen tussen de te vergelijken onderzoeksgroepen. Een differentiële fout kan zowel tot een overschatting als een onderschatting leiden en kan er zelfs toe leiden dat een associatie wordt waargenomen die in werkelijkheid niet bestaat. Niet-differentiële fouten zijn fouten die even groot zijn in de te vergelijken onderzoeksgroepen. Een niet-differentiële fout leidt in het algemeen tot een onderschatting van de associatie.

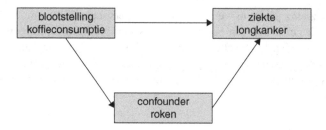

Figuur 2.5 Voorbeeld van confounding: roken hangt samen met consumptie van alcohol en is een risicofactor voor longkanker Bron: Webb en Bain 2005

2.4.3 Confounding

Confounding vindt plaats wanneer het effect van de blootstelling vermengd is met het effect van een andere variabele en men het gezamenlijke effect ten onrechte toeschrijft aan de blootstelling. Een confounder is een factor die zowel geassocieerd is met de blootstelling als met de ziekte of een andere uitkomst. Ter illustratie fig. 2.5, waarin roken de confounder is die zowel met de blootstelling (koffie drinken) geassocieerd is als met de ziekte (hart- en vaatziekten). Het is bekend dat de consumptie van koffie geassocieerd is met roken: onder koffiedrinkers komen meer rokers voor dan onder niet-koffiedrinkers. Hier kan confounding een verklaring zijn voor de relatie die gevonden wordt tussen koffieconsumptie en het risico op hart- en vaatziekten. Het mogelijke effect van koffiedrinken is vermengd met het effect van roken op hart- en vaatziekten en als daarvoor niet gecorrigeerd wordt, kan ten onrechte geconcludeerd worden dat koffie drinken een risicofactor is voor hart- en vaatziekten.

Effect van confounding

Confounding kan van grote invloed zijn op de gevonden associatie, het kan zelfs de richting van de associatie veranderen. Een variabele die een beschermend effect lijkt te hebben, kan na correctie voor confounding juist schadelijk blijken te zijn. Het kan ook voorkomen dat er als gevolg van een confounder een verband wordt gevonden dat in werkelijkheid niet bestaat. Op basis van een groot patiënt-controleonderzoek werd bijvoorbeeld geconcludeerd dat mensen die regelmatig vitamine E-supplementen slikken, een substantieel en significant lager risico op mondkanker hadden dan degenen die geen supplementen slikten. Betekent dit nu dat vitamine E beschermt tegen mondkanker? Dat is niet zeker, want mensen die het besluit nemen supplementen te gaan innemen zijn zich meestal bewuster van hun gezondheid. Hun leefstijl is daardoor meestal gezonder in velerlei opzichten. Als andere leefstijlfactoren (andere dan vitamine E slikken) ook gunstige effecten hebben op het risico op mondkanker is de associatie voor vitamine E in werkelijkheid zwakker dan de schatting. Er zou zelfs helemaal geen associatie kunnen bestaan tussen vitamine E en mondkanker.

In epidemiologisch onderzoek zijn leeftijd en sociale klasse veelvoorkomende confounders. In de voedingsepidemiologie is dit vaak de totale energie-inname. Confounding is een systematische fout die zo veel mogelijk voorkomen moet worden door een juiste onderzoeksopzet of door correctie tijdens de data-analyse.

Voorkómen (of controleren) van confounding

In een interventieonderzoek is het willekeurig toewijzen (randomiseren) van de behandeling aan de deelnemers heel belangrijk. Hierdoor worden alle potentiële confounders ongeveer gelijk over de groepen verdeeld. Randomiseren kan confounding niet volledig voorkomen; er kan bijvoorbeeld een ongelijke verdeling van leeftijd tussen de onderzoeksgroepen bestaan. De kans op zo'n ongelijke verdeling wordt echter kleiner naarmate het aantal deelnemers groter is. Een groot voordeel van randomisatie is dat je niet alleen confounding door bekende factoren voorkomt, maar ook door (nog) onbekende factoren.

In alle designs kan restrictie plaatsvinden, hetgeen inhoudt dat bijvoorbeeld rokers worden uitgesloten van deelname, zodat roken bij voorbaat niet meer als confounder kan optreden. Confounding kan alleen optreden als de variabele geassocieerd is met de blootstelling, maar als het een constante is (niemand rokt), is er geen sprake van een associatie. Met restrictie kan confounding door onbekende factoren niet voorkomen worden. Ten slotte kan in patiënt-controle- en cohortonderzoek matching plaatsvinden, waarbij de te vergelijken groepen naar bijvoorbeeld leeftijd en geslacht gelijk worden gemaakt, zodat deze factoren niet als confounders kunnen optreden.

Als confounding niet in voldoende mate voorkomen is bij de opzet van het onderzoek, is het nog mogelijk om ervoor te corrigeren tijdens de data-analyse door middel van stratificatie of multivariabele analyse. Dit is alleen mogelijk als er voldoende informatie over de confounder(s) beschikbaar is. Stratificatie houdt in dat de associatie in bepaalde categorieën (strata) van de confounder geschat wordt. Wanneer leeftijd een confounder is, kan de associatie gemeten worden in verschillende leeftijdscategorieën en wanneer geslacht de confounder is, gescheiden voor mannen en vrouwen. Deze methode is tamelijk eenvoudig, maar geeft problemen bij een te kleine steekproef. Verder is het niet altijd mogelijk meer dan één confounder tegelijkertijd op deze manier te evalueren. Dit zou wel mogelijk zijn als de steekproef zeer groot zou zijn.

Wanneer voor een groot aantal factoren tegelijk gecorrigeerd moet worden, is het beter om gebruik te maken van statistische regressietechnieken, veelal aangeduid als multivariabele analyse. In een onderzoek naar de invloed van voeding op borstkanker is het bijvoorbeeld van belang de data te corrigeren voor onder andere de leeftijd bij de menarche, de leeftijd waarop het eerste kind geboren is en het aantal kinderen dat een vrouw heeft gekregen. Het gebruik van multivariabele analyse is dan een goede methode.

2.5 Interpretatie van resultaten

2.5.1 Toeval, statistische significantie, klinische relevantie en steekproefgrootte

Toeval en statistische significantie

Epidemiologen moeten rekening houden met de mogelijkheid dat een waargenomen associatie tussen blootstelling en ziekte door toeval ontstaan is. Deze mogelijkheid wordt doorgaans geëvalueerd met behulp van statistische methoden. Een
bevinding wordt doorgaans statistisch significant genoemd wanneer er minder dan
5 % kans is dat deze of een nog extremere bevinding zou worden gedaan, terwijl
er in werkelijkheid geen associatie bestaat. Die 5 % is een veelgebruikte, maar
arbitraire keuze. In een Koreaans patiënt-controleonderzoek naar maagkanker was
het gebruik van een koelkast statistisch significant geassocieerd met een verlaagd
risico op de ziekte (Lee et al. 1995). Dit betekent dat de kans dat de waargenomen
associatie op toeval berust minder dan 1 op 20 is. Een mogelijke verklaring voor
de risicoverlaging zou kunnen zijn dat koelkasten vers voedsel langer goed houden, waardoor beschermende nutriënten in het voedsel aanwezig blijven. Ook kan
de beschikbaarheid van een koelkast traditionele conserveringsmethoden die geassocieerd worden met een verhoogd risico op maagkanker (zoals pekelen, roken en
in zuur leggen) overbodig maken.

Een andere manier om de rol van het toeval te evalueren is het gebruik van een
betrouwbaarheidsinterval. Het betrouwbaarheidsinterval zegt iets over de precisie
van de schatting. Naarmate een studie groter is, wordt de precisie groter en het
betrouwbaarheidsinterval nauwer. Het betrouwbaarheidsinterval is de 'range' van
waarden van bijvoorbeeld het relatieve risico die redelijk in overeenstemming is
met de verzamelde gegevens. In de meeste gevallen gebruiken onderzoekers een
betrouwbaarheidsinterval van 95 %. Dit wil zeggen dat bij herhaalde steekproeven
uit dezelfde populatie de verkregen intervallen in 95 % van de gevallen de ware
populatiewaarde bevatten voor de desbetreffende parameter (bijv. relatieve risico
of populatiegemiddelde). In een onderzoek onder Amerikaanse mannen bijvoorbeeld werd het effect van vitaminegebruik op het later ontwikkelen van de oogaan-
doening cataract geëvalueerd (Seddon et al. 1994). Onder rokers was het relatieve
risico op cataract bij vitaminegebruikers ten opzichte van niet-gebruikers 0,38 met
een 95 %-betrouwbaarheidsinterval van 0,16–0,92.

Klinische relevantie

Als een associatie statistisch significant is, hoeft dit niet automatisch te betekenen dat
die ook biologisch of klinisch relevant is. Sommige effecten zijn te klein of komen
te weinig voor om in de praktijk van betekenis te zijn. In een data-analyse van meer

dan 1.800 deelnemers aan een langdurig onderzoek naar vitamine A-suppletie hadden personen die een supplement ontvingen, een statistisch significant verhoogd triglyceridengehalte in het bloed vergeleken met degenen die een placebo slikten. De verhoging was echter zo klein dat die nauwelijks invloed zou hebben op het risico op hart- en vaatziekten. De onderzoekers concludeerden dat dit minimale effect niet klinisch relevant was, ook al was het wel statistisch significant.

Omgekeerd is het mogelijk dat een schatting wel klinisch relevant is, maar niet statistisch significant. Soms kan een klaarblijkelijk effect belangrijk genoeg zijn om actie te ondernemen, ook al heeft men het statistisch gezien niet aannemelijk kunnen maken. In een onderzoek van begin 1996 stopte een Amerikaans onderzoeksteam met een gerandomiseerd interventieonderzoek naar het effect van de suppletie van bètacaroteen of vitamine A op het risico op longkanker. De voorlopige resultaten lieten een groter aantal doden en gevallen van longkanker zien in de groep die de suppletie ontving. De toename was niet statistisch significant en het was heel goed mogelijk dat het fenomeen op toeval berustte. De onderzoekers waren echter bezorgd over deze verschillen omdat die de mogelijkheid van een schadelijk effect van de suppletie suggereerden en omdat vergelijkbare effecten van bètacaroteen in een eerder onderzoek in Finland gevonden waren. Om deze redenen werd besloten het onderzoek stop te zetten, ook al was het strikt genomen niet zeker dat de verhoogde incidentie en mortaliteit het gevolg waren van de suppletie.

Steekproefgrootte en power

Ongeacht het gekozen onderzoeksontwerp is het cruciaal een adequate steekproefgrootte te kiezen, zodat er een behoorlijke kans is op een duidelijke uitkomst van het onderzoek. Statistische technieken moeten gebruikt worden in combinatie met bepaalde vooronderstellingen om het juiste aantal proefpersonen te bepalen. Wanneer de steekproef te groot is, wordt het onderzoek buitensporig duur en wanneer de steekproef te klein is, levert het onderzoek geen betrouwbare resultaten op. Ook is het niet ethisch verantwoord om mensen te vragen vrijwillig mee te doen als niet te verwachten valt dat een onderzoek zinvolle resultaten oplevert. De benodigde steekproefgrootte hangt onder andere af van de variatie van de uitkomst die gemeten wordt en de sterkte van de associatie.

De power is de kans dat een associatie of effect van een bepaalde grootte significant wordt aangetoond, gegeven het onderzoeksontwerp en het aantal deelnemers. Het komt erop neer dat de onderzoekspopulatie groot genoeg moet zijn om voldoende power te hebben. Ter illustratie: voor een onderzoek naar de effecten van vitamine A-suppletie bij patiënten met de aangeboren oogziekte retinitis pigmentosa kozen de onderzoekers een populatie van 601 personen om het onderzoek een power te geven van meer dan 95 %. Dit houdt in dat de kans groter dan 95 % is dat een effect van vooraf gedefinieerde grootte ontdekt wordt, als het aanwezig is.

2.5.2 Range van blootstelling

In sommige gevallen vindt men geen associatie omdat de inname van de voedings-factor die onderzocht wordt, te laag is of niet in de range valt waarbinnen een effect verwacht kan worden. In de meeste epidemiologische onderzoeken naar mond- en keelkanker bijvoorbeeld worden significante inverse associaties met de inname van fruit en groente gevonden. Toch is het niet vreemd dat dit in een patiënt-controleon-derzoek in Puerto Rico niet het geval was. In deze populatie was de consumptie van fruit en groente namelijk extreem laag. Van de proefpersonen zei 75 % nooit fruit te eten en 87 % at niet meer dan twee keer per week groenten. Het is zeer waarschijn-lijk dat te weinig mensen in deze populatie genoeg fruit en groenten aten om enig beschermend effect te kunnen aantonen op het risico van mond- en keelkanker.

2.5.3 Interne en externe validiteit

Bij de interpretatie van bevindingen van epidemiologisch onderzoek is validiteit of geldigheid een belangrijk begrip. We onderscheiden interne validiteit en externe validiteit. De interne validiteit betreft de mate waarin de bevindingen geldig zijn voor de onderzochte personen in het onderzoek (de bronpopulatie). De externe validiteit is de mate waarin de bevindingen gegeneraliseerd kunnen worden naar populaties buiten het onderzoek. Bij het bepalen van de interne validiteit moeten de rol van bias, de rol van toeval en de power goed worden bekeken. Bij de vast-stelling van de externe validiteit worden de resultaten van het onderzoek bezien in het licht van bevindingen in de literatuur en gaat het om de generaliseerbaarheid van de gevonden associaties.

Interne validiteit

Om de interne validiteit van een onderzoek te beoordelen moeten enkele vragen worden beantwoord.

- Zijn de blootstelling en de uitkomst nauwkeurig gemeten?
- Is het mogelijk dat er bias is opgetreden in de geschatte associatie?
- Zijn relevante confounders vastgesteld en nauwkeurig gemeten?
- Zijn de juiste correcties gemaakt voor deze confounders?
- Als sprake is van bias, hoe kan dit de resultaten dan beïnvloed hebben en in welke richting zijn de schattingen dan veranderd?

Externe validiteit

De term 'externe validiteit' staat voor de toepasbaarheid van de onderzoeksbevindingen op personen buiten de onderzoekspopulatie of de mogelijkheid tot generalisatie. Om de externe validiteit te bepalen evalueren wetenschappers de resultaten van hun onderzoek in relatie tot gelijksoortige bevindingen in andere onderzoeken. Verder gaan zij na wat de mogelijke verschillen zijn tussen de onderzoekspopulatie en de populatie waarnaar zij de resultaten willen extrapoleren. Bijvoorbeeld: suppletie van een combinatie van bètacaroteen, vitamine E en selenium resulteerde in een significante reductie van de sterfte aan kanker bij deelnemers aan een interventieonderzoek in Linxian, China. Het zou verkeerd zijn om hieruit te concluderen dat mensen in West-Europa op dezelfde manier hun risico kunnen verkleinen. Linxian is een arm plattelandsgebied waar ten tijde van dit onderzoek de meeste mensen zwaar ondervoed waren. Bevindingen uit dat gebied mogen niet zonder meer worden geëxtrapoleerd naar beter gevoede populaties met totaal andere ziektepatronen. Dit betekent dat er in dit geval sprake is van effectmodificatie: het land/regio waarin het onderzoek heeft plaatsgevonden modificeert (= verandert) het effect van suppletie met bètacaroteen, vitamine E en selenium op sterfte aan kanker. Als er sprake is van effectmodificatie kun je de effecten die je vindt, niet zonder meer extrapoleren naar andere populaties.

Wanneer veel onderzoeken in verschillende populaties echter dezelfde resultaten opleveren, is het waarschijnlijk dat deze bevindingen extern valide zijn. De associatie tussen de consumptie van rood en bewerkt vlees en het risico op kanker is een goed voorbeeld. Deze associatie is bekeken in meer dan 800 epidemiologische onderzoeken in een groot aantal populaties uit tal van landen op verschillende continenten. Het bewijs voor deze associatie is uitzonderlijk consistent, vooral ten aanzien van dikkedarmkanker. De meeste voedingswetenschappers zullen beamen dat deze associatie geëxtrapoleerd mag worden naar populaties over de hele wereld.

2.5.4 Meta-analyse

De interpretatie van epidemiologische bevindingen is ingewikkeld wanneer de resultaten van verschillende onderzoeken niet met elkaar in overeenstemming zijn. Deze inconsistentie is soms inzichtelijk te maken door middel van een meta-analyse. Dit is een kwantitatieve techniek waarbij de statistische resultaten van verschillende onderzoeken samengenomen worden om tot een uiteindelijke conclusie te komen. Het is gebruikelijk de resultaten van een meta-analyse weer te geven in een zogeheten 'forest plot' (fig. 2.6). In een forest plot wordt door middel van een vierkant voor elke studie weergegeven wat de gevonden associatie is (inclusief het

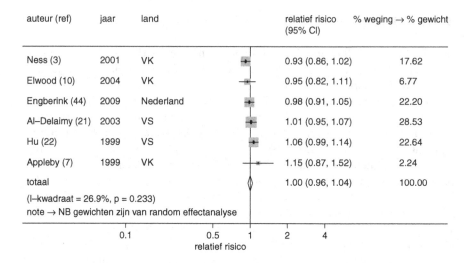

auteur (ref)	jaar	land		relatief risico (95% CI)	% weging → % gewicht
Ness (3)	2001	VK		0.93 (0.86, 1.02)	17.62
Elwood (10)	2004	VK		0.95 (0.82, 1.11)	6.77
Engberink (44)	2009	Nederland		0.98 (0.91, 1.05)	22.20
Al–Delaimy (21)	2003	VS		1.01 (0.95, 1.07)	28.53
Hu (22)	1999	VS		1.06 (0.99, 1.14)	22.64
Appleby (7)	1999	VK		1.15 (0.87, 1.52)	2.24
totaal				1.00 (0.96, 1.04)	100.00
(I–kwadraat = 26.9%, p = 0.233)					
note → NB gewichten zijn van random effectanalyse					

Figuur 2.6 Voorbeeld van de resultaten van een meta-analyse naar melkinname en coronaire hartziekten Bron: Soedamah-Muthu et al. 2011

betrouwbaarheidsinterval). De grootte van het vierkant geeft het gewicht aan dat aan de studie is gehangen. Over het algemeen krijgen grotere studies een zwaarder gewicht. Vervolgens wordt op basis hiervan een gewogen gemiddelde berekend over alle studies gezamenlijk. In een forest plot wordt dit aangegeven door een ruit. Deze ruit geeft het gewogen gemiddelde aan, inclusief het betrouwbaarheidsinterval. De verticale lijn in de forest plot is de 'geen effect/geen verband'lijn.

In fig. 2.6 betekent een relatief risico van 1 dat er geen relatie is tussen melkinname en coronaire hartziekten. Sommige studies vinden een beschermende relatie met melk (deze liggen links van deze verticale lijn), andere studies vinden een risicoverhogend verband tussen melk en coronaire hartziekten (deze studies liggen rechts van de verticale lijn). Het gewogen gemiddelde ligt vrijwel precies op de verticale lijn. Dit betekent dat al deze studies bij elkaar genomen geen aanwijzingen geven voor een verband tussen melkinname en coronaire hartziekten.

Meta-analyses zijn waarschijnlijk objectiever dan de traditionele kritische 'reviews' van literatuur en kunnen door de samenbundeling meerwaarde geven aan onderzoeken die elk afzonderlijk te klein zijn om betrouwbare resultaten op te leveren. De beslissing over de onderzoeken die in een meta-analyse ingesloten mogen worden, is echter vrij lastig. Er bestaat verschil van mening over de vraag of gebrekkige en ongepubliceerde onderzoeken (meestal onderzoeken die geen effect lieten zien) ingesloten moeten worden en of onderzoeken van betere

kwaliteit zwaarder moeten meewegen dan die van mindere kwaliteit. Bij het uitvoeren en interpreteren van een meta-analyse moet dus rekening gehouden worden
met mogelijke publicatiebias. Het zou zo kunnen zijn dat in de wetenschappelijke
literatuur studies die geen effect laten zien niet gepubliceerd zijn en dus ook niet
geïncludeerd (kunnen) worden in een meta-analyse. Dit kan de resultaten van een
meta-analyse onbetrouwbaar maken.

Onderzoeken die men wil combineren in een meta-analyse, zouden gelijk moeten zijn in termen van type en sterkte van de blootstelling en de uitkomst waarin
men geïnteresseerd is. Als de onderzoeken op een van deze punten verschillen,
kan de meta-analyse vreemde resultaten opleveren. Bij een meta-analyse waaruit geconcludeerd werd dat vitamine C geen effect heeft op het ontstaan van een
verkoudheid, moesten bijvoorbeeld enige kanttekeningen worden geplaatst, aangezien er zowel onderzoeken ingesloten waren die een lage dosis vitamine C ver-
strekten (200 mg per dag of minder) als onderzoeken met een megadosis (1–5 g
per dag). De negatieve resultaten van de onderzoeken met een lage dosis hebben
mogelijk de effecten van de onderzoeken met een hoge dosis afgezwakt, waardoor een onjuiste conclusie is getrokken. Hierdoor kan het soms nodig zijn voor
een meta-analyse de oorspronkelijke data van de afzonderlijke studies opnieuw
te analyseren. Daarom worden er op (inter)nationaal niveau afspraken gemaakt
hoe onderzoeksdata moeten worden opgeslagen om hergebruik ervan mogelijk te maken (zie bijvoorbeeld http://www.zonmw.nl/nl/themas/thema-detail/
toegang-tot-data/fair-data/).

In Kader 1 staat een aantal belangrijke vragen die gesteld moeten worden bij
het beoordelen van epidemiologisch onderzoek, bijvoorbeeld ten behoeve van
het uitvoeren van een meta-analyse. In Kader 2 staan aandachtspunten voor de
beoordeling van systematische overzichtsartikelen en meta-analyses. Resultaten
van meta-analyses, gebaseerd op goed uitgevoerd systematisch literatuuron-
derzoek, wegen doorgaans zwaar mee bij de beoordeling van causaliteit in
voedingsonderzoek.

Een voorbeeld van een verzameling meta-analyses zijn de meta-analyses die in
2007 uitgevoerd zijn door het WCRF over voeding, lichamelijke activiteit en de
preventie van kanker (World Cancer Research Fund 2007). Deze meta-analyses
worden frequent geactualiseerd. Een ander bekend voorbeeld zijn de meta-analyses en systematische literatuurreviews uitgevoerd door Cochrane. Cochrane is
een internationale, onafhankelijke, non-profitorganisatie met als missie zorgverleners, beleidsmakers en patiënten te helpen bij het nemen van beslissingen over
gezondheidszorg. Cochrane doet dit door actuele informatie over de effectiviteit
van de gezondheidszorg toegankelijk te maken in de vorm van systematische
literatuuroverzichten.

Kader 1 Aandachtspunten bij de beoordeling van epidemiologisch onderzoek

– Is de onderzoeksgroep groot genoeg?
– Hebben de onderzoekers de populatie waaruit de proefpersonen afkomstig zijn, duidelijk omschreven?
– Zijn dezelfde in- en exclusiecriteria gebruikt voor alle proefpersonen?
– Zijn blootstellingen en effecten met behulp van de juiste methoden gemeten? Hoe is de ziekte gediagnosticeerd?
– Is bij langetermijnonderzoek de blootstelling herhaald gemeten, zodat rekening gehouden kon worden met tijdseffecten?
– Kan de associatie veroorzaakt zijn door confounding? Zijn er gegevens verzameld over mogelijke confounders? En is hiermee bij de data-analyse rekening gehouden?
– Kan de associatie veroorzaakt zijn door toeval? Had het onderzoek genoeg power om mogelijke effecten te kunnen detecteren?
– Was de duur van het onderzoek lang genoeg om een zinvol resultaat te verkrijgen?
– Was het tijdsbestek tussen de blootstelling en de diagnose van de ziekte voldoende groot om de ziekte op een logische manier door de blootstelling te kunnen verklaren?
– Hoeveel personen zijn uitgevallen tijdens het onderzoek? Was de reden voor deze uitval gerelateerd aan de blootstelling en/of de ziekte?
– Hoe is het biologisch materiaal dat tijdens het onderzoek is genomen, maar later is geanalyseerd, bewaard? Is dit op dezelfde wijze gebeurd voor alle proefpersonen?
– Kan de associatie veroorzaakt zijn door informatiebias en/of selectiebias?
– Is de associatie biologisch plausibel?
– Is het onderzoeksresultaat in overeenstemming met resultaten uit eerder onderzoek? Zo niet, wat zou daarvan de oorzaak kunnen zijn?
– Op wie is de associatie van toepassing?
– Wie was de sponsor van het onderzoek? Is er sprake van mogelijke belangenverstrengeling van de onderzoeker(s)?
– Is de conclusie van het onderzoek in overeenstemming met de resultaten?
– Is de uitkomst van het onderzoek relevant voor de klinische praktijk, het volksgezondheidsbeleid of voor een beter begrip van de etiologie van de ziekte?

Extra aandachtspunten specifiek voor patiënt-controleonderzoek

– Waren de controlepersonen uit dezelfde populatie getrokken als de patiënten? Werd de benodigde informatie op dezelfde manier verkregen van de patiënten als van de controlepersonen?
– Konden de patiënten zelf de informatie over de blootstelling geven of moesten familieleden of vrienden dat doen?

– Wisten de onderzoekers of de proefpersonen patiënten of controlepersonen waren?
– Hielden de onderzoekers er rekening mee dat sommige variabelen beïnvloed zouden kunnen worden door de aanwezigheid van de ziekte (bijv.
bloeddruk of concentraties van nutriënten in het bloed)?

Extra aandachtspunten specifiek voor cohortonderzoek

– Is de aanwezigheid van de ziekte 'blind' vastgesteld, met andere woorden:
was degene die de diagnose stelde al dan niet op de hoogte van de blootstelling van de desbetreffende proefpersoon?
– Zijn personen die de ziekte bij de start van het onderzoek reeds hadden,
uitgesloten van de analyse?

Extra aandachtspunten specifiek voor interventieonderzoek

– Was het doel van het onderzoek etiologisch van aard (oorzaak van de
ziekte achterhalen) of wilden de onderzoekers de effectiviteit of de haal-
baarheid van een behandeling toetsen?
– Waren de personen 'at random' aan de behandelingsgroep of de controlegroep toegewezen?
– Was de randomisatie geslaagd? Dat wil zeggen: zijn de behandelde groep
en de controlegroep goed met elkaar vergelijkbaar wat betreft andere
determinanten van de ziekte?
– Waren de proefpersonen 'compliant', met andere woorden, hebben ze zich
aan het protocol gehouden?
– Is er gebruikgemaakt van een placebo?
– Waren alle proefpersonen gedurende het onderzoek 'blind' wat betreft hun
behandeling?
– Was de onderzoeker bij het vaststellen van de uitkomst ook 'blind' wat
betreft de behandelingen van de proefpersonen?
– Is de data-analyse uitgevoerd volgens het 'intention-to-treat'-principe?
Zo niet, hoe zou dit het resultaat van het onderzoek beïnvloed kunnen
hebben?

Zie ook Moher et al. 2001 en Elm et al. 2007.

Kader 2 Aandachtspunten bij de beoordeling van systematische overzichtsartikelen en meta-analyses

- Zijn de onderzoeksvragen duidelijk gesteld en zijn de methoden duidelijk beschreven?
- Zijn de juiste zoekmethoden gebruikt om relevante onderzoeken te vinden? Is er voldoende inspanning verricht om alle onderzoeken op het desbetreffende gebied te vinden?
- Zijn er geschikte methoden gebruikt om te bepalen welke artikelen wel en niet ingesloten mochten worden?
- Was de selectie en de bepaling van de ingesloten onderzoeken reproduceerbaar en zonder bias?
- Baseren de onderzoekers hun conclusies daadwerkelijk op de aangehaalde artikelen?
- Kan er sprake zijn van publicatiebias? Zo ja, is hiermee rekening gehouden bij de interpretatie van de gegevens?

Enkele aandachtspunten specifiek voor meta-analyse

- Is de methodologische kwaliteit van de ingesloten onderzoeken bepaald en hoe is hiermee rekening gehouden?
- Is de extractie van de kwantitatieve gegevens gestandaardiseerd en bij voorkeur door meer dan één onafhankelijke persoon uitgevoerd?
- Is duidelijk welke aannames zijn gemaakt in geval van ontbrekende gegevens?
- Is de heterogeniteit van de onderzoeksresultaten geëvalueerd, bijvoorbeeld door stratificatie?
- Is de verklaring van heterogeniteit gerelateerd aan de opzet en uitvoering van de individuele onderzoeken, dan wel aan biologische aspecten?
- Worden de resultaten van de meta-analyse gewijzigd op basis van resultaten van (volgens de selectiecriteria) relevante onderzoeken die niet in de meta-analyse konden worden meegenomen?

Zie ook Moher et al. 1999 en Stroup et al. 2000.

2.5.5 Causaliteit

Op basis van observationeel epidemiologisch onderzoek kan niet bepaald worden of een geobserveerde associatie causaal is. Als er een associatie gevonden wordt tussen blootstelling en ziekte, betekent dit nog niet dat deze blootstelling de ziekte heeft veroorzaakt. Wetenschappers gebruiken de volgende criteria om vast te stellen of een geobserveerde associatie causaal is.

- *De sterkte van de associatie.* Hoe sterker de associatie, des te aannemelijker het is dat de associatie causaal is.
- *De consistentie van de associatie.* Een associatie die ook in andere populaties en onder andere omstandigheden wordt geobserveerd, doet veronderstellen dat er een causaal verband is.
- *De aanwezigheid van een dosis-responsrelatie.* Als de intensiteit van een respons toeneemt met een hogere dosis, vergroot dit de aannemelijkheid van een causaal verband. De afwezigheid van een dosis-responsrelatie houdt niet in dat er geen causaal verband is. In sommige situaties is er een drempelwaarde die overschreden moet worden voordat een dosis-responsrelatie kan worden vastgesteld.
- *De tijdsrelatie,* dat wil zeggen dat de blootstelling vooraf is gegaan aan het optreden van de ziekte. Tijdsrelaties moeten ook bekeken worden vanuit de etiologie van een ziekte. Kanker is bijvoorbeeld een chronische ziekte met een lange inductietijd. Men kan daarom niet verwachten dat de incidentie van deze ziekte enkele weken of maanden na de blootstelling al toeneemt.
- *De biologische plausibiliteit.* Een causaal verband tussen een blootstelling en een effect is plausibeler wanneer er een aannemelijke hypothese is over het biologische mechanisme volgens welke de blootstelling het risico op de ziekte verhoogt of verlaagt.

2.6 Conclusies voor de diëtistenpraktijk

De diëtist vormt de brug tussen theorie en praktijk en moet gesignaleerde gezondheidsrelaties op het gebied van voeding vertalen naar de cliënt of patiënt. De diëtist dient de ingewikkelde wetenschappelijke boodschap te formuleren in haalbare en concrete adviezen. Daarbij moet zij niet alleen vertellen wat er al bekend is, maar ook waar nog onzekerheden zijn als het gaat om het effect van voeding op het ontstaan of de behandeling van ziekten. Dat wil niet zeggen dat de diëtist ook wetenschapper moet zijn, maar zij moet wel in staat zijn de wetenschappelijke literatuur op waarde te schatten en toe te passen in de praktijk.

Epidemiologisch onderzoek vormt een belangrijke basis voor voedingsadviezen en evidence-based practice. De Richtlijnen goede voeding zijn tot stand gekomen na zorgvuldige bestudering van de diverse vormen van epidemiologisch onderzoek. Voor de diëtist is het belangrijk te weten hoe sterk de bewijsvoering is voor specifieke voedingsadviezen of gezondheidsclaims, zoals die vaak geformuleerd worden door de voedingsindustrie. In de praktijk kan dit betekenen dat de diëtist duidelijk maakt dat elke dag broccoli eten kanker niet voorkomt, ook al is er onderzoek gepubliceerd dat aantoont dat regelmatig broccoli eten het risico op bepaalde tumoren verkleint. Kennis van onderzoeksmethoden, waaronder de zwakke en sterke punten van specifieke vormen van epidemiologisch onderzoek, is dus onontbeerlijk bij het wegen en interpreteren van de veelheid aan gezondheidsinformatie die in de media verschijnt.

Bijlage: verklarende woordenlijst

Associatie(maat)
In epidemiologisch onderzoek worden ziektefrequenties vergeleken tussen blootgestelde en niet-blootgestelde groepen, waarbij het gaat om het vinden van een
associatie tussen de blootstelling en de desbetreffende ziekte. De richting en de
sterkte van zo'n associatie worden uitgedrukt met behulp van associatiematen,
zoals het relatieve risico, de odds-ratio en het attributieve risico. Dit zijn maten die
in feite zijn samengesteld uit schattingen van een ziektefrequentiemaat bij twee
verschillende groepen.

At random
Willekeurig, door middel van het lot.

Attributief risico
Het verschil in incidentie tussen de blootgestelde en niet-blootgestelde groep.

Bias
Een systematische fout die resulteert in over- of onderschatting van de sterkte van
de aanwezige associatie.

Bronpopulatie
Populatie waaruit de proefpersonen afkomstig zijn. De proefpersonen kunnen
beschouwd worden als representatief voor de populatie waaruit ze afkomstig zijn.

Causaliteit
De aanwezigheid van een oorzakelijk verband. De blootstelling moet in elk geval
voorafgaan aan het optreden van de ziekte om te kunnen spreken van een causale
associatie.

Cohort
Een groep mensen die gevolgd wordt in de tijd en bij wie het al dan niet optreden van bepaalde ziekten wordt gerelateerd aan de blootstelling aan bepaalde
risicofactoren.

Compliance
De mate waarin proefpersonen trouw zijn aan een bepaalde therapie of behandeling in een interventieonderzoek.

Confounding
Een fout (bias) die ontstaat wanneer het effect van de blootstelling vermengd
is met het effect van een andere variabele en men het gezamenlijke effect ten
onrechte toeschrijft aan de blootstelling. Door de aanwezigheid van confounding
kan er bijvoorbeeld een associatie gevonden worden die in werkelijkheid niet
bestaat.

Differentiële fout
Een fout die niet even groot is in de te vergelijken onderzoeksgroepen.

Drop-out
Het uitvallen van deelnemers aan een interventieonderzoek. In een cohortonderzoek spreekt men doorgaans van 'loss to follow-up'.

Dubbelblind
Zowel de onderzoeker als de proefpersoon weet niet aan welke behandelgroep de proefpersoon is toegewezen.

Dwarsdoorsnedeonderzoek
Een onderzoek waarbij blootstellingen en ziekten op hetzelfde tijdstip worden gemeten. Een survey valt ook onder het dwarsdoorsnedeonderzoek.

Ecologisch onderzoek
Een evaluatie van associaties aan de hand van groepsgegevens die veelal routinematig voor andere doeleinden zijn vergaard.

Etiologie
Het geheel van oorzaken van een ziekte.

Experimenteel onderzoek
Onderzoek waarbij een bepaalde blootstelling of behandeling willekeurig aan proefpersonen wordt toegewezen.

Externe validiteit
De mate waarin bevindingen gegeneraliseerd kunnen worden naar populaties met andere kenmerken dan de onderzoekspopulatie.

Extrapolatie
Het voorspellen van uitkomsten buiten de range van waarnemingen.

Frequentiemaat
In epidemiologisch onderzoek wordt het optreden van ziekten uitgedrukt in ziektefrequentiematen: prevalentie, incidentie en mortaliteit.

Incidentie
Het aantal nieuwe ziektegevallen in een bepaalde periode.

Informatiebias
Een fout die is opgetreden in de associatie(maat) als gevolg van een fout bij het meten van de variabelen.

Intention-to-treat-principe
Het betrekken van alle gerandomiseerde proefpersonen in een interventieonderzoek in de statistische analyse, ongeacht of ze het onderzoek hebben afgemaakt of compliant zijn geweest.

Interne validiteit
De mate waarin bevindingen geldig zijn voor de bronpopulatie.

Interventieonderzoek
Zie experimenteel onderzoek.

Loss-to-follow-up
Het voortijdig afhaken van deelnemers aan een cohortonderzoek. In een interventieonderzoek spreekt men doorgaans van 'drop-out'.

Mortaliteit
Een maat voor het aantal sterfgevallen in een populatie.

Niet-differentiële fout
Een fout die even groot is in de te vergelijken onderzoeksgroepen.

Observationeel onderzoek
Onderzoek waarbij de onderzoekers geen invloed uitoefenen op de blootstelling.

Odds-ratio
Een maat voor het relatieve risico die gebruikt wordt in patiënt-controleonderzoek.

Patiënt-controleonderzoek
Onderzoek waarbij patiënten met controlepersonen worden vergeleken wat betreft een specifieke blootstelling. Controlepersonen vormen idealiter een steekproef uit dezelfde bronpopulatie als die waaruit de patiënten afkomstig zijn.

Power
De kans dat een associatie of effect van een bepaalde grootte significant wordt aangetoond, gegeven het onderzoeksontwerp en het aantal deelnemers.

Precisie
De mate waarin een meetmethode gelijke uitkomsten oplevert na herhaalde metingen.

Prevalentie
Het percentage ziektegevallen in een populatie op een bepaald tijdstip.

Publication bias
Het verschijnsel dat onderzoek met uitgesproken resultaten eerder gepubliceerd wordt dan onderzoek dat geen of een onverwacht resultaat laat zien; dit kan te maken hebben met de onderzoeker die onderzoek niet instuurt voor publicatie of met de wetenschappelijke tijdschriften die minder interesse hebben in dergelijk onderzoek.

Randomisatie
Het willekeurig (door middel van het lot) toewijzen van proefpersonen aan een interventie- of controlegroep.

Relatief risico
De verhouding van incidenties tussen personen die wel en die niet zijn blootgesteld aan een bepaalde risicofactor.

Selectiebias
Een fout die optreedt wanneer de proefpersonen niet representatief zijn voor de te onderzoeken populatie of wanneer er een verschil is in de selectie van proefpersonen tussen de onderzoeksgroepen.

Trial
Zie experimenteel onderzoek.

Literatuur

Ahlbom, A., & Norell, S. (1984). *Introduction to modern epidemiology*. Newton Lower Falls, MA: Epidemiology Resources Inc.

Elm, E., van., Altman, D. G., Egger, M., Pocock, S. J., Gøtzsche, P. C. C., & Vandenbroucke, J. P. (2007). STROBE initiative. The strengthening the Reporting of Observational Studies in Epidemiology (STROBE) statement: Guidelines for reporting observational studies. *The Lancet, 370,* 1453–1457.

Lee, J. K., Park, B. J., Yoo, K. Y., & Ahn, Y. O. (1995). Dietary factors and stomach cancer: a case-control study in Korea. *International Journal of Epidemiol, 24*(1), 33–41.

Lilienfeld, D. E., & Stolley, P. D. (1994). *Foundations of Epidemiology* (3rd ed.). Oxford: Oxford University Press.

Margetts BM, Nelson M (Eds.). *Design Concept in Nutritional Epidemiology*. Oxford: Oxford University Press, 1991.

Moher, D., Schulz, K. F., Altman, D., CONSORT Group. (2001). The CONSORT statement: revised recommendations for improving the quality of reports of parallel-group randomized trials. *Journal of the American Medical Association, 285,* 1987–1991.

Moher, D., Cook, D. J., Eastwood, S., Olkin, I., Rennie, D., Stroup, D. F., for the QUORUM Group. (1999). Improving the quality of reports of meta-analyses of randomized controlled trials: the QUOROM statement. *The Lancet, 354,* 1896–1900.

Seddon, J. M., Christen, W. G., Manson, J. E., LaMotte, F. S., Glynn, R. J., Buring, J. E., et al. (1994). The use of vitamin supplements and the risk of cataract among US male physicians. *American Journal of Public Health, 84*(5), 788–792.

Stroup, D. F., Berlin, J. A., Morton, S. C., Olkin I., Williamson G. D., Rennie D., et al. (2000). Meta-analysis of observational studies in epidemiology (MOOSE) group. Meta-analysis of observational studies in epidemiology – A proposal for reporting. *Journal of the American Medical Association, 283,* 2008–2012.

Soedamah-Muthu, S., Ding, E. L., Al-Delaimy, W. K., et.al. (2011). Milk and dairy consumption and incidence of cardiovascular diseases and all-cause mortality: dose-response meta-analysis of prospective cohort studies. *American Journal of Clinical Nutrition, 93,* 158–171.

The Alpha-Tocopherol Beta-Carotene Cancer Prevention Study Group. (1994). The effect of vitamin E and beta carotene on the incidence of lung cancer and other cancers in male smokers. *New England Journal of Medicine, 330*(15), 1029–1035.

Webb, P.,& Baine, C. (2005). *Essential Epidemiology: An Introduction for students and health professionals*. Cambridge University Press.

World Cancer Research Fund/American Institute for Cancer Research. (2007). *Food, Nutrition, Physical Activity and the Prevention of Cancer, a Global Perspective*. Washington DC, AICR.

Hoofdstuk 3
Microbiologische voedselveiligheid

December 2016

R.R. Beumer en R. Dijk

Samenvatting Ondanks veel maatregelen op het gebied van hygiëne lukt het nog steeds niet om het aantal geregistreerde voedselinfecties drastisch te verminderen. Integendeel, het lijkt er zelfs op dat de incidentie toeneemt. Verschillende factoren spelen hierbij een rol: onvoldoende kennis bij producenten, bereiders en consumenten van levensmiddelen, en veranderingen in de commerciële voedselproductie (meer kant-en-klaarmaaltijden die minimaal geconserveerd worden). Maar deze trend kan ook (voor een deel) veroorzaakt worden door de zich terugtrekkende overheid. Zo laat bijvoorbeeld de Nederlandse Voedsel- en Warenautoriteit (NVWA) steeds meer taken over aan de particuliere sector. Om het aantal voedselinfecties zo veel mogelijk terug te dringen moet er aan drie voorwaarden worden voldaan: besmetting zo veel mogelijk voorkomen, uitgroei van micro-organismen remmen, en geen rauwe producten eten. Wordt aan al deze voorwaarden voldaan, dan zal het aantal voedselinfecties kunnen dalen. Ze zullen echter nooit geheel verdwijnen.

3.1 Inleiding

Met voedselveiligheid wordt bedoeld dat voedsel, na consumptie, zo min mogelijk nadelige gevolgen heeft voor de gezondheid. Samen met een aantal andere kenmerken, bijvoorbeeld voedingswaarde, smaak, geur, kleur en gemak bij het

R.R. Beumer (✉)
Leerstoelgroep Levensmiddelenmicrobiologie, Wageningen Universiteit en Stichting FiMM, Wageningen, The Netherlands

R. Dijk
Stichting FiMM, Wageningen, The Netherlands

bereiden, bepaalt voedselveiligheid de kwaliteit van het voedsel. Dit hoofdstuk gaat uitsluitend over microbiologische aspecten van voedselveiligheid. Daarnaast zijn te onderscheiden:

– *chemische voedselveiligheid*, waarbij gekeken wordt naar de aanwezigheid van additieven (hulpmiddelen zoals kleurstoffen en conserveermiddelen) en contaminanten (bestrijdingsmiddelen, radioactieve stoffen);
– *fysische voedselveiligheid*, bijvoorbeeld de aanwezigheid van stukjes metaal, glas, hout en kunststof;
– *biotechnologische voedselveiligheid*, hieronder vallen genetisch gemodificeerde micro-organismen.

Bij microbiologische veiligheid gaat het over pathogene (ziekmakende) micro-organismen (bacteriën, gisten, schimmels en virussen) of hun toxinen (gifstoffen) in een levensmiddel. Vaak denken consumenten dat bedorven voedsel onveilig is, maar dat is niet juist. In een bedorven product zijn de micro-organismen uitgegroeid tot zulke grote aantallen, 10 miljoen per gram of meer, dat merkbare afwijkingen optreden: kleurverandering, slijmvorming, structuurverandering (schiften) en stank. Dit beïnvloedt de kwaliteit negatief, maar hoeft geen gevaar voor de gezondheid te zijn. Dat is wel het geval als ziekteverwekkers of hun toxinen in te hoge concentraties in het voedsel aanwezig zijn, maar in veel gevallen is het aantal pathogene micro-organismen in een product niet voldoende om ziekte te veroorzaken. Pas na uitgroei, bijvoorbeeld tijdens (te lang) bewaren bij een (te) hoge temperatuur, wordt dat aantal bereikt. Daarom wordt verderop in dit hoofdstuk ingegaan op de factoren in en om levensmiddelen die verantwoordelijk zijn voor de groei van micro-organismen.

Met het strikt toepassen van hygiënische maatregelen, vastgelegd in nationale en internationale regelgeving, wordt zo veel mogelijk voorkomen dat producten besmet raken en dat de op producten aanwezige micro-organismen kunnen uitgroeien tot aantallen die ziekte of bederf veroorzaken. Controlerende instanties, zoals de Nederlandse Voedsel- en Warenautoriteit (NVWA), houden hierop toezicht.

3.2   Voedselinfectie en voedselvergiftiging

Ziekten die veroorzaakt worden door voedsel, zijn te verdelen in twee typen, te weten voedselinfecties en voedselvergiftigingen. In de media wordt meestal alleen de term voedselvergiftiging gebruikt, maar strikt genomen is dit niet correct. In de Engelse literatuur wordt de term *foodborne disease* gebruikt, een ziekte die veroorzaakt wordt door voedsel. Zo wordt dit probleem omzeild. Enkele duidelijke verschillen tussen een voedselinfectie en een voedselvergiftiging staan in tab. 3.1.

Tabel 3.1 Vergelijking tussen een voedselinfectie en -vergiftiging

voedselinfectie	voedselvergiftiging
veroorzaakt door micro-organisme	veroorzaakt door toxine
verschijnselen na 8–24 uur, soms langer	verschijnselen meestal binnen 6 uur
buikpijn, diarree	misselijk, overgeven
duurt 1–3 dagen, soms langer	duurt 1 dag, soms langer
dosis-responsrelatie (DR)	dosis-responsrelatie (DR)

3.2.1 Voedselinfectie

Een voedselinfectie wordt veroorzaakt door de aanwezigheid van pathogene (ziekteverwekkende) micro-organismen die zich in het voedsel bevinden en de darm koloniseren. Door hun aanwezigheid en groei wordt de normale darmflora verstoord. Niet iedereen die van het besmette voedsel heeft gegeten wordt ziek omdat er individuele verschillen zijn in weerstand, de zuurgraad van de maag, de hoeveelheid gegeten voedsel en de samenstelling van de darmflora. De dosis-responsrelatie (DR) is het aantal micro-organismen of de hoeveelheid toxine die nodig is om iemand ziek te maken. Voor *Campylobacter jejuni* is dat laag met een DR van enkele tientallen cellen, voor *Bacillus cereus* is dat hoog met een DR van 100.000 cellen of meer.

3.2.2 Voedselvergiftiging

Een voedselvergiftiging wordt veroorzaakt door het consumeren van levensmiddelen die gif (toxine) bevatten. Dit toxine kan geproduceerd zijn door micro-organismen die van nature in het levensmiddel aanwezig zijn (sommige paddenstoelen), maar ze kunnen ook toegevoegd zijn aan het levensmiddel als additief (zoals nitriet en glutaminaat) of via een besmette omgeving daarin terechtgekomen zijn (bijv. zware metalen en radioactieve stoffen). De toxinen werken, via sensoren, direct op de biologische reacties die in het lichaam plaatsvinden.

3.3 Klinische verschijnselen

De gevolgen van een voedselinfectie zijn het optreden van buikpijn en diarree, 8 tot 24 uur na consumptie van het besmette voedsel. Na enkele dagen verdwijnen deze verschijnselen, maar de kiem kan nog geruime tijd met de ontlasting worden uitgescheiden. Iemand is dan een 'gezonde' drager. Door slechte (toilet)hygiëne kunnen in dit stadium bijvoorbeeld voedsel, gereedschappen, personen en oppervlakken besmet raken.

Bij een voldoende hoge concentratie van toxinen treedt een acute voedselvergiftiging op binnen enkele uren na consumptie: misselijkheid en braken bij vrijwel
alle personen die van het besmette voedsel hebben gegeten. Deze verschijnselen
duren circa één dag. Bij continue blootstelling aan lage concentraties (bijv. radioactieve stoffen, bestrijdingsmiddelen, toxinen geproduceerd door schimmels) kunnen chronische effecten optreden. Of en in welke mate de ziekteverschijnselen
optreden hangt af van:

– de toestand van het individu (algemene fysieke en geestelijke toestand, voedingsstatus, zuurgraad van het maagsap, een volle of lege maag);
– de dosis-responsrelatie (DR) van het desbetreffende micro-organisme of toxine;
– het ziekmakende vermogen (virulentie) van het micro-organisme;
– de hoeveelheid besmet voedsel die is geconsumeerd (micro-organismen zijn
  vaak inhomogeen verdeeld) en of het vast of vloeibaar voedsel is.

Vroeger werd gedacht dat ziekte pas optrad na het consumeren van een bepaalde
hoeveelheid micro-organismen of toxine. Nu is bekend dat inname van slechts
één micro-organisme al ziekteverschijnselen kan geven, al is de kans dan wel erg
klein. Bij inname van grotere aantallen wordt de kans op ziekte groter, dit wordt
de dosis-responsrelatie genoemd. Bij een lege maag en bij inname van vloeibaar voedsel is de contacttijd in de maag met het (zure) maagsap relatief kort.
Ziekteverwekkers worden dan minder goed geïnactiveerd. Dit geldt in het algemeen ook voor oudere mensen (ouder dan 60 jaar) en personen die maagzuurrem-
mers gebruiken. Bij hen is de zuurgraad van de maag veel lager (de pH is hoger)
dan bij de rest van de bevolking.

Een veelvoorkomend misverstand is dat mensen in de loop van de tijd immuun
worden voor voedselpathogenen. Weliswaar wordt een kortstondige immuniteit
verkregen in de darm, maar die verdwijnt weer snel. Voor echte immuniteit zou
iemand dagelijks in contact moeten komen met de ziekteverwekkers, maar dat vereist slechte hygiëne en zal ook grote kindersterfte tot gevolg hebben.

3.4 Prevalentie/incidentie

Gevallen van voedselinfectie en voedselvergiftiging kunnen als enkel geval voorkomen of als explosie. Onder een 'explosie' wordt in dit verband verstaan een
incident waarbij twee of meer personen die hetzelfde gegeten of gedronken hebben, na dezelfde tijd ziek worden met dezelfde ziekteverschijnselen. Een 'enkel
geval' is een (schijnbaar op zichzelf staand) ziektegeval, dat vermoedelijk het
gevolg is van het eten van besmet voedsel. Een 'incident' is een explosie of een
enkel geval. Het aantal ziektegevallen (per jaar) wordt de morbiditeit genoemd, het
aantal sterfgevallen de mortaliteit.

In Nederland werden, tot de afschaffing van de registratieplicht in 1984,
per jaar circa 8.000 gevallen van voedselinfectie en -vergiftiging geregistreerd.
Tegenwoordig bedraagt dit aantal circa 500. Per jaar zijn er circa 25 gevallen met

Tabel 3.2 Uitbraken van voedselinfecties en -vergiftigingen en gerelateerde zieken naar gedetecteerde ziekteverwekker in voedsel en/of patiënten, 2014 (Bron: Friesema et al. 2015)

ziekteverwekker	ziekteverwekker aangetoond in		voedsel[a]	humaan
	voedsel[a] en/of humaan			
	uitbraken (%)	zieken (%)	uitbraken (%)	uitbraken (%)
Bacillus cereus	1 (0,5)	4 (0,2)	1 (0,5)	0
Salmonella spp	8 (3,9)	184 (11,1)	1 (0,5)	8 (3,9)
Campylobacter spp	5 (2,4)	11 (0,7)	0	5 (2,4)
Shigella spp	1 (0,5)	7 (0,4)	0	1 (0,5)
Norovirus	25 (12,1)	713 (43,1)	23 (11,1)	12 (5,8)
Totaal bekend	40 (19,3)	919 (55,5)	25 (12,1)	26 (12,6)
Onbekend	167 (80,7)	736 (44,5)	182 (87,9)	181 (87,4)
Totaal	207	1655	207	207

[a] Ziekteverwekker aangetoond in voedsel- of omgevingsmonsters.

dodelijke afloop (Stichting FiMM 2016). Behandelende artsen (ook van GGD's) zijn volgens de Infectieziektenwet verplicht gevallen van voedselinfectie of -vergiftiging op naam via de Gemeentelijke Geneeskundige Diensten (GGD) te melden aan de Inspectie voor de Gezondheidszorg (IGZ). De aangifteplicht betreft patiënten die werkzaam zijn in de levensmiddelen- of horecasector en patiënten die beroepsmatig zijn belast met de behandeling, verpleging of verzorging van personen. Verder geldt de aangifteplicht ook voor patiënten die behoren tot een groep van twee of meer personen die binnen 24 uur ziek zijn geworden na hetzelfde te hebben gegeten en/of gedronken.

Door epidemiologisch onderzoek worden het vóórkomen en de oorzaken van voedselinfecties en voedselvergiftigingen bekend. In tab. 3.2 staan enkele gegevens vermeld van voedselinfecties en voedselvergiftigingen in Nederland in 2014. De cijfers in deze rapporten zijn gebaseerd op registraties van GGD's en de NVWA. De GGD richt zich vooral op personen die mogelijk blootgesteld zijn aan besmet voedsel, terwijl het uitgangspunt van de NVWA het mogelijk besmette voedsel en de plaats van bereiding is. Overigens geven deze registraties een sterke onderschatting van het werkelijke vóórkomen in de Nederlandse bevolking.

Er zijn moeilijk conclusies te trekken uit het beperkte aantal registraties in tab. 3.2. Wat dat betreft zijn publicaties van de WHO of cijfers uit grotere landen relevanter. Tabel 3.3 geeft het geschatte aantal zieken en doden in de Verenigde Staten ten gevolge van in voedsel aanwezige pathogenen weer. Hieruit blijkt dat virussen (norovirus) de belangrijkste veroorzakers zijn, terwijl van de bacteriën met name Campylobacter en Salmonella van belang zijn. In vergelijking met de Nederlandse situatie blijkt in de Verenigde Staten het belang van Bacillus cereus als veroorzaker van voedselinfecties gering.

Zoals gezegd is het aantal gegevens over voedselinfecties en -vergiftigingen in Nederland erg klein. Epidemiologisch onderzoek, nodig voor bestrijding, preventie en kennisvermeerdering, wordt hierdoor bemoeilijkt. Het belang van deze

Tabel 3.3 Geschat aantal zieken en doden per jaar in de VS ten gevolge van in voedsel aanwezige pathogenen Bron: Scallan et al. 2011

pathogeen	totaal aantal zieken	totaal aantal doden
Bacillus cereus	63.400	0
Campylobacter	845.024	76
Clostridium botulinum	55	9
Clostridium perfringens	965.958	26
Escherichia coli O157 (STEC)	63.153	20
Escherichia coli non-O157 (STEC)	112.752	0
Escherichia coli (ETEC)	17.894	0
Escherichia coli, overige	11.982	0
Listeria monocytogenes	1.591	255
Salmonella	1.029.382	378
Shigella	131.254	10
Staphylococcus aureus	241.148	6
Streptokokken groep A	11.217	0
Vibrio parahaemolyticus	34.664	4
Yersinia enterocolitica	97.656	29
Cryptosporidium	57.616	4
Cyclospora cayetanensis	11.407	0
Giardia intestinalis	76.840	2
Toxoplasma gondii	86.686	327
Trichinella	156	0
Norovirus	5.461.731	149
Hepatitis A	1.566	7

aspecten wordt hierna beschreven. Door signalering in een zo vroeg mogelijk stadium kunnen besmette eet- en drinkwaren opgespoord en uit de roulatie worden genomen. Nieuwe ziektegevallen veroorzaakt door eenzelfde product kunnen zo worden voorkomen. Met behulp van onderzoek kan worden vastgesteld welke eet- en drinkwaren en welke fouten bij de bereiding, behandeling en opslag hebben bijgedragen aan voedselinfecties en -vergiftigingen. Op basis van deze informatie kunnen maatregelen worden genomen om nieuwe incidenten te voorkomen. In driekwart van de gemelde explosies van voedselinfecties en voedselvergiftigingen kan geen oorzakelijk agens worden aangetoond. Redenen hiervoor kunnen zijn: onvolledig of geen laboratoriumonderzoek, geen geschikte kweekmethoden of te weinig inzicht in het ziekteverwekkend vermogen van het micro-organisme.

3.5 Risicogroepen en -factoren

Personen die gemakkelijk een voedselinfectie of -vergiftiging kunnen oplopen, behoren tot de zogenoemde risicogroepen. Dit zijn personen met een verminderde afweer, zoals ouden van dagen, zieken en zeer jonge kinderen. In dit verband wordt ook de afkorting YOPI gebruikt: *the very young, the very old, the pregnant* en *the immunocompromised* (jongeren, ouderen, zwangeren en mensen met een verminderde afweer). Zij zouden geen voedsel moeten eten dat de kans op een voedselinfectie of voedselvergiftiging vergroot. Hiertoe behoren onder andere rauw vlees, garnalen, rauwe melk, onvoldoende gewassen rauwe groente en rauwmelkse kaas. De belangrijkste risicofactoren staan in Kader 1.

Kader 1 Risicofactoren voor voedselinfectie of -vergiftiging

De belangrijkste risicofactoren die door circa dertig Europese landen aan het WHO/FAO-centrum zijn gerapporteerd (Stichting FiMM, 2016), in volgorde van meldingsfrequentie, zijn:

1. onvoldoende koeling;
2. slechte algemene hygiëne;
3. contaminatie door personeel;
4. onvoldoende verhitting;
5. gebruik besmette apparatuur;
6. gebruik besmette grondstoffen;
7. fouten tijdens verwerking;
8. kruisbesmetting;
9. te lang vóór consumptie bereid;
10. besmetting tijdens de bereiding;
11. te lage warmhoudertemperatuur;
12. te lange bewaartijden;
13. onvoldoende verhitting bij hergebruik;
14. consumptie van rauwe levensmiddelen.

3.6 Bedreigingen van de microbiologische voedselveiligheid

Voedselinfecties en -vergiftigingen kunnen pas optreden als er voldoende pathogene micro-organismen aanwezig zijn in een levensmiddel of als een voldoende hoeveelheid toxine gevormd is. In de meeste gevallen is het aantal micro-organismen dat via besmetting op een product terechtkomt, te klein om ziekte te veroorzaken. Door gunstige omstandigheden tijdens opslag en bereiding (combinatie van tijd en temperatuur) kan uitgroei van de aanwezige micro-organismen en/of toxineproductie plaatsvinden tot aantallen of concentraties die wél ziekte kunnen veroorzaken.

Oorzaken van voedselinfecties en voedselvergiftigingen zijn de factoren die besmetting met en uitgroei van pathogenen bevorderen. Hieronder vallen:

- bio-industrie (besmetting);
- import van groente, fruit en voedermiddelen uit landen waar de hygiëne niet op een hoog peil staat (besmetting);
- langdurige (gekoelde) opslag van levensmiddelen (uitgroei);
- bereiden van maaltijden voor grote groepen (besmetting en uitgroei);
- verandering van eetgewoonten (besmetting en uitgroei);
- gebrek aan kennis over hygiëne, zowel bij de productie van levensmiddelen als bij het bereiden van maaltijden (besmetting en uitgroei).

3.6.1 Besmettingswegen

Levensmiddelen kunnen op diverse plaatsen in het productieproces met micro-organismen worden besmet. Meestal is er sprake van bederfverwekkers, maar er kan ook besmetting met ziekteverwekkers plaatsvinden.

Er is een onderscheid tussen primaire en secundaire besmetting. Primaire besmetting treedt op als grondstoffen, hulpstoffen of additieven besmet zijn. De primaire besmetting van grondstoffen, vaak afkomstig uit de akkerbouw, tuinbouw, visserij en veehouderij, bestaat uit micro-organismen afkomstig van grond, fecaliën (vogels, ongedierte), oppervlaktewater en lucht. De mate van besmetting wordt onder andere beïnvloed door:

- de oogstomstandigheden: vochtig, overrijp fruit bederft sneller dan droog geoogst, onrijp fruit;
- de slachthygiëne: aanprikken van darm;
- de bewaaromstandigheden en transport van grondstoffen: tankmelk, gesloten verpakking.

Secundaire besmetting treedt op tijdens de verdere verwerking en bereiding van levensmiddelen. Deze besmetting kan via verschillende wegen plaatsvinden (fig. 3.1).

Indeling van bedrijfsruimte, apparatuur en gereedschappen

De indeling van het bedrijf moet voorkomen dat besmette rauwe grondstof in contact komt met bewerkte producten. Daarom is het noodzakelijk de goederenstroom goed te regelen en aparte ruimtes voor grondstoffen en bewerkte producten te hebben. Dit wordt 'zonering' genoemd: de productstroom gaat van grondstof tot eindproduct en de hygiëne-eisen worden steeds strenger. In de nationale wetgeving

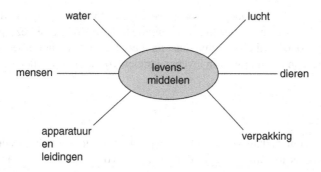

Figuur 3.1 Secundaire besmettingswegen van levensmiddelen

(http://www.st-ab.nl/index.html) wordt steeds vaker verwezen naar verordeningen van de Europese Food Safety Authority (http://www.efsa.europa.eu/) en richtlijnen van de Codex Alimentarius (http://www.codexalimentarius.net/web/index_en.jsp) (hoofdstuk 'Levensmiddelenwetgeving'). Oude formuleringen in de wet, zoals het vroegere artikel 1 van het Algemeen Besluit van de Warenwet, waarin onder meer werd vermeld dat de ruimte waarin verwerking van levensmiddelen plaatsvindt, *'voldoende schoongehouden en in zindelijke staat'* moet zijn, zijn hiermee vervallen. Maar het is nog wel zo dat de gebruikte apparatuur geen aanleiding mag zijn tot extra besmetting van het product. Hiervoor is het noodzakelijk dat alle materialen en apparaten goed te reinigen en te desinfecteren zijn en ook daadwerkelijk goed gereinigd en gedesinfecteerd worden. Deze voorwaarden zijn geregeld in Good Manufacturing Practices (GMP), een manier van hygiënisch werken die een basisvoorwaarde is voor het invoeren van Hazard Analysis and Critical Control Points (HACCP) (par. 3.7.3).

Mensen

Mensen kunnen het product besmetten met micro-organismen afkomstig van:

- *handen*: micro-organismen afkomstig van huidflora kunnen overgedragen worden (bijv. microkokken, stafylokokken, corynebacteriën), maar ook soorten die toevallig op handen aanwezig zijn (bijv. salmonella's die overgedragen worden via het aanraken van rauwe kip);
- *haren, huidschilfers*: hoofdbedekking is vaak verplicht, het is echter niet afdoende (bijv. microkokken, stafylokokken en corynebacteriën);
- *speeksel*: door praten, hoesten en snuiten (bijv. streptokokken, stafylokokken en virussen).

De mens zelf is drager van een belangrijke ziekteverwekker: *Staphylococcus aureus*. Door met blote handen lekkere hapjes te maken, zoals toastjes met gerookte paling, komt de kiem op de paling terecht. Wanneer de tijd tussen bereiden en eten lang genoeg is, zal er voldoende toxine geproduceerd worden om mensen na het eten van de toastjes een voedselvergiftiging te bezorgen. Door maatregelen, zoals strikte handhygiëne en het dragen van hoofdbedekking en monddoekjes, kan besmetting van levensmiddelen voorkomen worden.

Water

Water dat in contact kan komen met het product moet van drinkwaterkwaliteit zijn. Het is soms moeilijk om aan deze norm te voldoen. Ook al wordt groente gewassen in schoon water, zodra de groente in het water komt is het niet meer van drinkwaterkwaliteit. Relatief schone partijen kunnen in het vervuilde water worden besmet.

Aan het koelwater voor blikken (na sterilisatie) worden hoge eisen gesteld. Door het drukverschil tijdens afkoelen kan gemakkelijk water naar binnen worden gezogen in het steriele product. Daarom wordt koelwater meestal gedesinfecteerd om besmetting te voorkomen.

Lucht

Bij een aantal processen komt lucht in intensief contact met het product, bijvoorbeeld in cyclonen en bij het afkoelen van bijvoorbeeld bakkerijproducten. De gebruikte lucht wordt vaak aangezogen uit de naaste omgeving van het bedrijf of uit het bedrijf zelf. Filtratie van de aangezogen lucht is dan nodig om het product niet onnodig te besmetten.

Dieren

Insecten, knaagdieren en vogels in de bedrijfsruimte kunnen micro-organismen op het product overbrengen. Bovendien veroorzaken deze dieren vraat en produceren ze uitwerpselen waarin regelmatig ziekteverwekkers zoals *Salmonella* worden aangetroffen. Dat is erg ongewenst met het oog op een hygiënische bedrijfsvoering.

Verpakkingsmateriaal

De gebruikte verpakking moet schoon zijn, soms zelfs absoluut steriel en vaak niet-doorlatend voor micro-organismen (bijv. ondoorlaatbare seals van blikken enz.).

Het is altijd nodig alert te zijn op besmetting van producten en de kans erop door de juiste maatregelen tot een minimum te beperken. Zo is bederf uit te stellen, want een lager beginaantal heeft meer tijd nodig om de bederfgrens te bereiken. Bovendien wordt zo de kans op besmetting met ziekteverwekkers verkleind.

3.6.2 Bederf van levensmiddelen

Bederf van levensmiddelen is een verandering van de kwaliteit, waardoor het voedsel minder geschikt wordt voor humane consumptie. Dat wil niet altijd zeggen dat iemand ziek wordt van het eten van bedorven voedsel. Daarvoor is het nodig dat er voldoende grote aantallen ziekteverwekkers aanwezig zijn en dat is lang niet altijd het geval in bedorven voedsel.

Er zijn verschillende oorzaken van bederf, namelijk chemisch, enzymatisch, fysisch en microbieel bederf.

- *Chemisch bederf* wordt veroorzaakt door het optreden van chemische reacties tussen verschillende bestanddelen van het voedsel zelf of tussen de bestanddelen en zuurstof (oxidatie).
- *Enzymatisch bederf* treedt op door reacties die worden gekatalyseerd (versneld) door enzymen afkomstig van het product of van micro-organismen.
- Vormen van *fysisch bederf* zijn onder andere mechanische beschadiging, vorstschade (aardappels), absorptie van geuren (met name door vetten) en migratie van kleurstoffen.
- Bij *microbieel bederf* is sprake van vorming van ongunstige chemische producten door micro-organismen (onaangename reuk of smaak, verandering van consistentie). Bederf veroorzaakt door micro-organismen kan aanzienlijke verliezen veroorzaken (in Afrika bijvoorbeeld tot 30 % van de totale oogst).

  Microbieel bederf van levensmiddelen kan optreden indien besmetting van het levensmiddel met micro-organismen optreedt, gevolgd door groei van deze micro-organismen. Als micro-organismen op of in een product terechtkomen kunnen ze uitgroeien, mits er voldoende water is en de temperatuur hoog genoeg is. Bij het uitgroeien van micro-organismen tot een groot aantal treedt bederf op. Bij een aantal van 10 miljoen bacteriën of 1 miljoen gisten per gram of milliliter product is de bederfgrens bereikt; dit is meestal waarneembaar.

Micro-organismen hebben eigenschappen waardoor ze in staat zijn onder bepaalde omstandigheden uit te groeien en bederf te veroorzaken. Elk product heeft zijn eigen specifieke bederfflora (bederfassociatie). Het optreden en de aard van de bederfassociaties worden bepaald door intrinsieke, extrinsieke, impliciete en procesfactoren (Kader 2).

Kader 2 Factoren voor bederf

– Intrinsieke factoren zijn de invloeden die samenhangen met de aard van het product, zoals:

  – de structuur;
  – de hoeveelheid water die beschikbaar is voor micro-organismen (wateractiviteit);
  – de zuurgraad (pH);
  – de aanwezigheid van conserveermiddelen;
  – de specifieke chemische samenstelling (vlees: eiwitrijk, fruit: suikerrijk).

– Extrinsieke factoren zijn de invloeden van buitenaf, zoals:

  – de (bewaar)temperatuur: diepvries, koelkast, kamertemperatuur, warmhouder);
  – de gassamenstelling: vacuüm verpakt of verpakt met stikstof en/of koolzuurgas;
  – de relatieve luchtvochtigheid.

– Impliciete factoren zijn de invloeden die de aanwezige soorten micro-organismen op elkaar uitoefenen:

  – antagonisme: tegenwerking, bijvoorbeeld door de productie van melkzuur uit suikers bij het maken van kaas;
  – synergisme: samenwerking waarbij het ene micro-organisme een groot molecuul afbreekt en het andere micro-organisme kan groeien op de brokstukken daarvan.

– Procesfactoren zijn de bewerkingen die levensmiddelen ondergaan, zoals:

  – drogen;
  – kneden;
  – malen;
  – pasteuriseren;
  – steriliseren.

3.7 Maatregelen

Uit de oorzaken van voedselinfecties en -vergiftigingen kunnen ook maatregelen ter voorkoming worden afgeleid:

– goede voorlichting aan huishoudelijke en beroepsmatige bereiders van maaltijden;
– geen rauwe dierlijke producten consumeren (bijv. melk, tartaar, vis);
– opslag van producten bij temperaturen <7 °C of >70 °C;
– geen 'risicovoedsel' eten bij bijzondere gelegenheden, zoals een koud buffet.

Gezien het grote aantal voedselinfecties en -vergiftigingen dat blijkt uit gerichte onderzoeken zoals onderzoek bij huisartsenpeilstations, krijgen deze maatregelen onvoldoende aandacht. Het HACCP-systeem (Hazard Analysis and Critical Control Points, par. 3.7.3) of daarop gebaseerde hygiënecodes zouden, mits strikt nageleefd, kunnen bijdragen aan verlaging van het risico op besmetting met pathogenen tijdens productie en opslag van levensmiddelen.

De productie, het transport en de bereiding van levensmiddelen hebben tot doel veilige en smakelijke producten op de markt en op tafel te brengen. Om een goede (microbiologische) kwaliteit te garanderen worden tijdens het gehele proces hygiënische maatregelen genomen, onder te verdelen in bedrijfshygiëne en persoonlijke hygiëne. Verder kunnen er diverse maatregelen genomen worden om bederf tegen te gaan.

Bedrijfshygiëne Met de term 'bedrijfshygiëne' worden alle hygiënische maatregelen aangeduid die een bedrijf neemt om de kwaliteit van de producten te bewaken. Hieronder vallen onder andere de inrichting van het bedrijf, de 'routing', de apparatuur, de sanitaire voorzieningen en de bestrijding van ongedierte. Aanwijzingen hiervoor worden gegeven in de Warenwet, de Codex Alimentarius en het HACCP-systeem.

De huidige Warenwet, geldig sinds 21 april 1988, is gebaseerd op de volgende vier principes:

– bescherming van de volksgezondheid;
– bevordering van eerlijkheid in de handel;
– goede voorlichting;
– veiligheid.

De Warenwet geldt voor eetwaren, waaronder tevens kauwpreparaten andere dan tabak, drinkwaren en andere roerende zaken. De Warenwet is een oude raamwet. Dat wil zeggen dat de wet de basis vormt voor een groot aantal 'algemene maatregelen van bestuur' ofwel Koninklijke besluiten die door de minister op basis van de Warenwet kunnen worden afgekondigd. De voorschriften in die Koninklijke besluiten moeten steeds gebaseerd zijn op de doelstellingen van de Warenwet. Doordat de Warenwet ook 'bescherming van de veiligheid van de mens' tot doel heeft, kunnen op grond van deze wet ook voorschriften worden afgekondigd voor 'niet-levensmiddelen'.

Warenwetbesluiten en -regelingen Het belangrijkste besluit waarin microbiologische criteria zijn opgenomen is het Warenwetbesluit Bereiding en Behandeling van Levensmiddelen (BBL). Dat besluit trad in werking op 1 maart 1993. Aan dat besluit is een groot aantal Warenwetregelingen gekoppeld. Het verving het Algemeen Besluit dat van kracht was sinds 1949.

Het Warenwetbesluit BBL is gebaseerd op de in 1988 vernieuwde Warenwet. In het besluit zijn regels opgesteld voor de wijze waarop de bereiding en behandeling van levensmiddelen dient plaats te vinden. De bereiding, de behandeling, het verpakken en het bewaren van eet- en drinkwaren mag alleen plaatsvinden in bedrijfsruimten.

Tijdens de bereiding en behandeling van het levensmiddel mag geen verontreiniging plaatsvinden met stoffen die schadelijk kunnen zijn voor de gezondheid van de mens. Schimmeltoxinen en bacteriële toxinen in hoeveelheden die schadelijk kunnen zijn voor de volksgezondheid, moeten afwezig zijn in eet- of drinkwaren en grondstoffen. Ook dient de voedings- of gebruikswaarde van het levensmiddel niet minder te worden dan redelijkerwijs mag worden verlangd.

Warenwetregeling Levensmiddelenhygiëne
Gelijktijdig met het Warenwetbesluit kwam de Warenwetregeling Levensmiddelenhygiëne tot stand. Deze regeling omvat regels met betrekking tot de inrichting van bereid- en bedrijfsruimten, de deugdelijkheid en het gebruik van voorwerpen, gereedschappen en materialen in die ruimten en de handelingen welke door personen in die ruimten worden uitgevoerd.

Verder zijn er duidelijke normen in de voorschriften opgenomen met betrekking tot de aanwezigheid van ziekteverwekkende micro-organismen in levensmiddelen bestemd voor directe consumptie. De voorschriften voor de bewaring van levensmiddelen zijn duidelijker geworden. Bederfelijke producten, zoals kokswaren, melk en salades, moeten altijd bewaard worden bij een temperatuur van maximaal 7 °C. Ook transportmiddelen dienen zo te zijn ingericht dat hieraan wordt voldaan (zie hoofdstuk 'Levensmiddelenwetgeving').

Regulier Overleg Warenwet (ROW) Bij het tot stand komen van besluiten wordt het Regulier Overleg Warenwet (ROW) betrokken. Het ROW is (sinds 1997) de opvolger van de Adviescommissie voor de Warenwet, die bestond uit leden van het bedrijfsleven, consumentenorganisaties en uit onafhankelijke leden. Het ROW bezit dus een soort 'inspraak', maar vrijwel alle wettelijke voorschriften zijn nu van de Europese Commissie afkomstig. Een lidstaat heeft weinig mogelijkheden om van die voorschriften af te wijken.

Hygiënerichtlijnen Tegen het einde van de vorige eeuw vroeg de regering aan het bedrijfsleven om per bedrijfstak 'Codes of Practice', in goed Nederlands 'hygiënerichtlijnen' of 'hygiënecodes', op te stellen. Het doel daarvan was om de hygiëne tijdens de productie en het bereiden van levensmiddelen beter te kunnen beheersen. Een hygiënecode mag pas gebruikt worden als deze door de minister van Volksgezondheid, Welzijn en Sport (VWS) is goedgekeurd. Na drie tot vijf jaar worden bestaande codes geëvalueerd.

Na goedkeuring dient het als communicatiemiddel tussen bedrijf en de controlerende instantie. Zo kan het overheidstoezicht worden beperkt tot een controle van het proces, van de laboratoriumresultaten en van de kwaliteit van werken door het laboratorium in een systeem van zelfcertificering.

Uitvoering toezicht De NVWA ontwikkelde de toezichtpiramide, een middel om risicogebaseerd toezicht te houden. De piramide dient de volgende doelen:

- betere bescherming van de burger door de toezichtcapaciteit gericht in te zetten op risico's;
- verminderen van de toezichtslast door minder toezicht bij bedrijven die de risico's voldoende afdekken;
- een betere naleving van wetten en regels bereiken met minder toezicht.

Op basis van de toezichtpiramide bepaalt de NVWA de aard en omvang van toezicht op het bedrijf. De NVWA deelt alle bedrijven in op basis van de risico's die zij met zich meebrengen. Risico is hierbij gekoppeld aan naleving van de wet. Daarvoor zijn drie risicocategorieën te onderscheiden:

- groen: nagenoeg geen risico;
- oranje: beperkt risico;
- rood: permanent risico.

Een bedrijf wordt per aandachtsgebied van de NVWA beoordeeld. In de praktijk kan dat betekenen dat het bedrijf voor voedselveiligheid op 'groen' staat en voor productveiligheid (non-food) op 'oranje'.

Groen
Deze bedrijven leven de wet goed na en vormen geen risico voor de burger. De NVWA kan op basis van vertrouwen het toezicht verminderen. Zo'n bedrijf zal niet meer met handhavingactiviteiten te maken krijgen. Alleen in ernstige situaties treedt de NVWA nog corrigerend op. Wel houdt de NVWA monitoringonderzoek via steekproeven. Mocht er toch een overtreding plaatsvinden, dan verwacht de NVWA dat het bedrijf zichzelf corrigeert. Op basis van het monitoringonderzoek of consumentenklachten kan de NVWA verder onderzoek doen. Als het vertrouwen geschaad wordt, kan het bedrijf uiteraard in een andere risicocategorie terechtkomen.

Oranje
Deze bedrijven krijgen te maken met de traditionele handhaving. Dit gebeurt bijvoorbeeld door betaalde herinspecties, handhavingcommunicatie en nalevingshulp. Bij een overtreding treft de NVWA maatregelen, bijvoorbeeld een boeterapport of een schriftelijke waarschuwing.

Rood
Deze bedrijven brengen structureel de veiligheid in gevaar. Dit komt doordat ze de wet niet naleven. De NVWA houdt streng toezicht op deze bedrijven door hard in te grijpen. Het doel is dat het bedrijf de wet direct gaat naleven. Soms lukt dit niet en moet zo'n bedrijf (tijdelijk) worden gesloten.

Indeling van bedrijf in toezichtpiramide Een bedrijf wordt per toezichtgebied ingedeeld in de piramide. Deze toezichtgebieden zijn: voedselveiligheid, alcohol en tabak, productveiligheid, diervoeders, dierlijke bijproducten en dieren. De wetgeving bepaalt aan welke criteria bedrijven moeten voldoen. Op basis daarvan vindt de indeling naar categorie plaats.

Voedselveiligheid Indeling gebeurt op basis van de aandachtspunten uit de hygiënecode en/of het eigen voedselveiligheidsplan, op basis van Verordening (EG) nr. 852/2004, Verordening (EG) nr. 853/2004 en Verordening (EG) nr. 178/2002.

De aandachtspunten richten zich op de uitvoering van de basisvoorwaarden en het HACCP-systeem, onder meer:

- bouwkundige inrichting;
- hygiëne;

- opleiding personeel;
- beheersing van processen (HACCP);
- de traceerbaarheid van producten.

Een indeling kan ook per branche plaatsvinden. Deze indeling volgt de volgende stappen:

- er wordt vastgesteld of er risico's zijn in de branche. Dat wordt gedaan door te bepalen in hoeverre de wet wordt nageleefd;
- als er geen risico's zijn, dan worden alle bedrijven in die branche in groen geplaatst;
- als er wel risico's zijn, dan wordt een objectieve 'foto' gemaakt van de branche om de huidige stand van zaken te bepalen (nalevingsniveau). Dit gebeurt met een T0-meting. Dat wordt gedaan door een steekproef te nemen bij een aantal bedrijven in de branche. Ook monsternames kunnen deel uitmaken van de T0-meting;
- aan de hand van deze T0-meting worden alle bedrijven in de branche ingedeeld in een risicocategorie.

Formulebedrijven zijn bedrijven met een hoofdkantoor en een aantal filialen met dezelfde formulenaam. De NVWA beschouwt een formule als één bedrijf. Formules krijgen als formule een kleur en niet per locatie.

Inspectieresultaten De NVWA publiceert haar inspectieresultaten op de website. In toenemende mate vermeldt zij de bedrijfsnamen. Raadpleeg bijvoorbeeld de Horeca-inspectiekaart op de website van de NVWA: http://www.inspectieresultaten.vwa.nl/iframe/inspectieresultaten.html of kijk bij http://www.nvwa.nl/onderwerpen/inspectieresultaten-eten-en-drinken.

Zelfcontrolesystemen Zelfcontrolesystemen zijn private systemen, waar bedrijven min of meer vrijwillig aan kunnen deelnemen. Deze systemen kenmerken zich door een interne borging en min of meer onafhankelijke beoordeling en een voldoende zelfregulerend en corrigerend vermogen. De NVWA beoordeelt zelfcontrolesystemen op hun werking en betrouwbaarheid. Als een systeem voldoende waarborgen in zich heeft, kan het toezicht door de NVWA (op onderdelen) verminderen. De wijze van toezicht is sterk afhankelijk van het betreffende systeem.

De NVWA houdt toezicht op de bedrijven door het systeem met enige regelmaat te onderzoeken op betrouwbaarheid. Audits en inspecties in bedrijven zijn nog steeds instrumenten om de werking van het systeem te kunnen beoordelen. Dergelijke systemen treden dus niet in de plaats van het toezicht, maar kunnen wel invloed hebben op de bezoekfrequentie, diepgang, tijdbesteding en de interventies die gepleegd worden in het bedrijf.

Op dit moment zijn er vijftien zelfcontrolesystemen. Voor kwaliteitssystemen op basis van HACCP zijn dat RiskPlaza, Stichting Certificatie Voedselveiligheid, Vion Food Group, Toezicht op Controle in de eiersector en Dutch Quality Control System (DQCS). Voor kwaliteitssystemen op basis van hygiënecodes zijn dat Houwers Groep, KBBL, Sensz, Kroonenburg Advies, Bureau de Wit, Stichting Voedsel Veiligheid Inspectie Wageningen (SVVW) en Diversey Consulting.

De NVWA publiceert de geaccepteerde zelfcontrolesystemen op haar website. In het kort wordt toegelicht wat de reikwijdte van het zelfcontrolesysteem is. Als de reikwijdte van een zelfcontrolesysteem de gehele diervoeder- of voedselveiligheid omvat, kan dat betekenen dat de deelnemende bedrijven in de groene zone van de toezichtpiramide geplaatst worden. Zie voor meer informatie de website van de NVWA.

In het Warenwetbesluit Bereiding en Behandeling van Levensmiddelen worden algemene eisen opgesomd voor:

– ruimten waarin levensmiddelen worden bereid, verpakt of verhandeld;
– bereiding, verpakking, bewaring, behandeling en vervoer van eet- en drinkwaren;
– werktuigen, gereedschappen en vaatwerk;
– kwaliteit van het water;
– kwaliteit van grondstoffen.

In het Warenwetbesluit Hygiëne van levensmiddelen staat aan welke eisen de productie van levensmiddelen moet voldoen. Het warenwetbesluit gaat vooral over hygiënische en veilige productie. Behalve definities en algemene bepalingen worden voorschriften vermeld voor bedrijfsruimten (incl. mobiele en tijdelijke bedrijfsruimten, zoals marktkramen en winkelwagens), automaten, bereidplaats, materiaal, apparatuur, watervoorziening, voedselafval, kritische controlepunten en hygiënecodes, vervoer en ook besmettelijke ziekten en persoonlijke hygiëne.

Scholing In de Warenwetregeling Hygiëne van levensmiddelen wordt ook scholing van het personeel genoemd:

Exploitanten van levensmiddelenbedrijven bewerkstelligen dat personen die eet- en drinkwaren bereiden en behandelen een op hun werkzaamheden afgestemde instructie of opleiding ontvangen inzake de hygiëne van eet- en drinkwaren.

Voor productiepersoneel kan worden volstaan met eenvoudige theorie en een paar proefjes die micro-organismen (en hun gedrag) zichtbaar maken. Kaderpersoneel zou wat meer theoretische kennis moeten bezitten om het productieproces ook in hygiënisch opzicht goed te kunnen begeleiden. Cursussen hebben niet alleen tot doel om de kennis van medewerkers te vergroten, maar zijn ook belangrijk voor de motivatie van het personeel.

3.7.1   Wetgeving: Europees en mondiaal

In Nederland kennen we het Regulier Overleg Warenwet. Op Europees niveau houdt een EG-commissie zich bezig met de harmonisatie van de Warenwetten. In het kader van de eenwording van Europa is het belangrijk ook de wetgeving op één lijn te brengen om handelsbelemmeringen te voorkomen. Dit gebeurt door verordeningen die rechtstreekse gelding hebben en richtlijnen die voor een bepaalde datum in de wetgeving van de lidstaten moeten zijn verwerkt. Enkele belangrijke richtlijnen zijn de etiketterings-, hygiëne-, machinerichtlijn en de productaansprakelijkheid.

WHO en Codex Alimentarius Op wereldniveau wordt door de voedsel- en landbouworganisaties van de VN en door de Wereldgezondheidsorganisatie (WHO) in verschillende *committees* gewerkt aan een voedingsmiddelencodex, de FAO/WHO-Codex Alimentarius. Het doel van deze normen is het waarborgen van een veilig product en het bevorderen van de internationale handel. De Codexonderdelen kunnen door de deelnemende landen al of niet worden geaccepteerd voor opname in de eigen wetgeving.

Codes of Practice Het Codex Committee on Food Hygiene heeft de 'General principles of Food Hygiene' opgesteld, waarin algemene richtlijnen staan voor de oogst en de productie van levensmiddelen (zogeheten 'Codes of Practice'). Op de website van de Codex Alimentarius (www.codexalimentarius.org) zijn talrijke levensmiddelenstandaarden, waaronder ook de Codes voor hygiënische werken, in te zien en te downloaden.

Voor meer informatie over wetgeving op wereldniveau en Europees niveau, zie hoofdstuk 'Levensmiddelenwetgeving'.

3.7.2   Good Manufacturing Practice (GMP)

Tegenwoordig wordt de nadruk steeds minder gelegd op de 'echte' controle van de hygiëne en het eindproduct, en meer op het (microbiologisch) beheersen van het gehele productieproces. Dat heeft verschillende oorzaken:

- onderzoek is duur en bovendien is, zeker bij microbiologisch onderzoek, de uitslag pas laat bekend. Vaak zal het niet meer mogelijk zijn om de producten te achterhalen;
- wil men statistisch betrouwbare resultaten verkrijgen, dan is men genoodzaakt zeer veel monsters te onderzoeken. Dit kost veel tijd en geld;
- de terugkoppeling van onderzoeksresultaten naar het productieproces is vaak onvoldoende (mogelijk), omdat veel productiegegevens niet meer te achterhalen zijn op het moment dat de onderzoeksresultaten bekend worden.

Good Manufacturing Practice (GMP) is een manier van produceren waarbij men ervan uitgaat dat een goede procesbeheersing essentieel is voor een goede kwaliteit van de eindproducten. Hiertoe behoren onder andere bouwvoorschriften en eisen voor bedrijfsruimten en uitrusting, voorschriften voor watervoorziening, afvalverwerking, persoonlijke hygiëne en hygiëne bij de productie of bereiding van levensmiddelen en een schoonmaakplan. GMP beperkt zich tot de productie binnen één bedrijf. In sommige gevallen wordt GMP toegepast op een hele productieketen, van grondstoffenproducent tot consument van de eindproducten. In dat geval spreekt men van Integrale Keten Bewaking (IKB). Bij distributie wordt gesproken over Good Distribution Practice (GDP) en in het laboratorium over Good Laboratory Practice (GLP).

Kader 3 Top 5 fouten bij het bereiden van vlees

Waaraan moet gedacht worden als men op een veilige manier vlees wil bereiden? Volgens het Amerikaanse dagblad 'KOTA Territory News' dienen dan de volgende vijf fouten voorkomen te worden:

1. Gokken dat het vlees afdoende is verhit (gehakt 72 °C, rosbief 63 °C, kip 74 °C).
2. Het niet letten op de temperatuur na het bereiden (<2 uur → 4,5 °C of >60 °C).
3. Ontdooien van vlees bij kamertemperatuur.
4. Het verwerken van marinades.
5. Het bewaren van te grote hoeveelheden restanten.

Voor verdere informatie wordt verwezen naar www.beefitswhatfordinner.com.

Bron: De belangrijkste fouten die mensen maken bij het bereiden van vlees. *Nieuwsbrief Voedselveiligheid 2006,* 11(9).

3.7.3   Hazard Analysis and Critical Control Points (HACCP)

Om het aantal ziektegevallen veroorzaakt door het nuttigen van ondeugdelijke levensmiddelen terug te dringen, worden in de Europese wetgeving algemene hygiëneregels genoemd voor het produceren, opslaan en transport van levensmiddelen.

Het gebruik van Hazard Analysis and Critical Control Points (HACCP) – of een systeem dat hierop is gebaseerd – wordt aanbevolen om kritische controlepunten op te sporen en vervolgens te bewaken (EG-richtlijn 93/43). In Nederland zijn bedrijven die levensmiddelen produceren met het van kracht worden van de Warenwetregeling Hygiëne van levensmiddelen op 14 december 1995 verplicht te produceren volgens een systeem waarin de principes van HACCP zijn opgenomen. Voor de horeca en ambachtelijke sector wordt gebruikgemaakt van hygiënecodes waarin de HACCP-beginselen zijn verwerkt (zie hiervoor de website van de Nederlandse Voedsel- en Waren Autoriteit: www.nvwa.nl).

HACCP is in eerste instantie gericht op het waarborgen van de veiligheid van een voedingsmiddel, maar kan ook toegepast worden op andere terreinen, bijvoorbeeld kwaliteitsfactoren, milieu, verpakking en economische factoren. Bij HACCP staat beheersing van het proces centraal, waarbij door middel van risicoanalyse is te bepalen hoe de beheersing plaats moet vinden. Voor elk product worden alle stadia van het productieproces, van grondstof tot consumptie, systematisch aan een kritische beschouwing onderworpen. Voor elke processtap worden de potentiële microbiologische, chemische en fysische gevaren voor de veiligheid vastgesteld.

In juni 2012 is een nieuwe versie van 'Eisen voor een op HACCP gebaseerd voedselveiligheidssysteem' uitgebracht door het Centraal College van Deskundigen – HACCP Nederland (zie www.foodsafetymanagement.info/downloads).

Voordat HACCP met succes ingevoerd kan worden, moet in een bedrijf al gewerkt worden volgens de algemene hygiënebeginselen van de Codex, de 'Codes of Practice' en de voedselveiligheidswetgeving (Codex Alimentarius 1997). Er moet sprake zijn van een zogeheten basisvoorwaardenprogramma ten aanzien van bijvoorbeeld ongediertebestrijding, onderhoud, persoonlijke hygiëne, reiniging en desinfectie.

Principes HACCP HACCP bestaat uit de volgende zeven principes:

1. Hazard analysis: risicoanalyse uitvoeren. Een hazard (gevaar) is het aanwezig zijn of ontstaan van een situatie die een bedreiging kan vormen (voor consument of onderneming). Hazards zijn van biologische, chemische of fysische aard. Een risico is de waarschijnlijkheid dat een potentieel gevaar een negatief effect heeft (kans × ernst).
2. Vaststellen van de Critical Control Points: waar de risico's moeten worden beheerst. Een Critical Control Point (CCP) is een kritisch beheerspunt. Denk hierbij aan grondstof, proces, bewerking of plaats waarbij gebrek aan beheersing in een onaanvaardbaar risico kan resulteren; to control = beheersen.
3. Vaststellen van kritieke grenzen en specificatie van criteria die aangeven of het proces bij een CCP beheerst wordt (specifieke beheersmaatregelen).
4. Monitoring: instellen van een meet- en registratiesysteem om te controleren of de CCP's beheerst worden.
5. Regels voor bijsturing indien een CCP niet wordt beheerst.
6. Effectief bewaren van beschrijvingen van het HACCP-plan.
7. Verificatie: controlesysteem om de doeltreffendheid van het systeem vast te stellen, waarbij gebruik kan worden gemaakt van aanvullende informatie (bijvoorbeeld klachten uit de markt).

Hierna komen de zeven principes uitgebreid aan de orde.

1. Hazard analysis Een hazard analysis bestaat uit het verzamelen en evalueren van informatie over (omstandigheden die leiden tot) gevaren. Het doel is te beslissen welke gevaren belangrijk zijn voor de voedselveiligheid en opgenomen moeten worden in het HACCP-plan. Een probleem is dat voedselveiligheidsdoelstellingen voor pathogene micro-organismen nog vaak ter discussie staan; dit in tegenstelling tot die voor additieven en contaminanten, die meestal al wereldwijd zijn vastgesteld. Om de hazard analysis te kunnen uitvoeren is informatie nodig over het gevaar dat aanwezig kan zijn, de ernst van de gevolgen, de niveaus met nadelige gevolgen en de omstandigheden die onacceptabele gevolgen hebben.

Maak een overzicht van alle pathogene micro-organismen

Aanwezig in grondstoffen?   nee → Elimineer

↓ ja

Eliminatie >10^{12} door proces?   ja → Elimineer

↓ nee

Problemen met micro-organisme in het verleden?   nee → Elimineer

↓ ja

Groei nodig en treedt er geen groei op?   ja → Elimineer

↓ nee

Potentieel gevaarlijk micro-organisme

Figuur 3.2 Beslisboom voor de gevarenidentificatie

Hazards (gevaren) zijn van biologische, chemische of fysische aard. Mogelijke gevaren zijn:

– aanwezigheid van biologische, chemische of fysische contaminanten in rauwe materialen, halffabrikaten en/of eindproducten;
– besmetting, overleving of groei van bederf- en/of ziekteverwekkende micro-organismen of vorming van toxinen tijdens de productie, in de productieomgeving of in het eindproduct;
– herbesmetting tijdens de productie of in het eindproduct.

Om na te gaan of bij een processtap sprake is van een potentieel gevaarlijk micro-organisme kan men gebruikmaken van een beslisboom ter identificatie van een gevaar (fig. 3.2).

Om na te gaan of sprake is van een hazard kan een andere beslisboom worden toegepast (hazard-determinatie; fig. 3.3).

Het HACCP-systeem wordt in een voornamelijk kwalitatieve manier toegepast. Voor deugdelijk risicomanagement is een meer kwantitatieve bepaling van de hazards noodzakelijk. Om zulke informatie te verkrijgen moet kwantitatieve risico-analyse worden geïntegreerd in het HACCP-systeem. Kwantitatieve risico-analyse kan worden gedefinieerd als een stapsgewijze analyse van hazards die geassocieerd kunnen worden met een specifiek type product, waarbij een schatting van de kans op optreden van ongunstige effecten op de gezondheid door consumptie van het betreffende product wordt gemaakt.

Risicobepaling is de wetenschappelijke evaluatie van (potentieel) schadelijke effecten op de gezondheid van de mens ten gevolge van blootstelling aan (voedselgerelateerde) bedreigingen. Een risico is afhankelijk van de kans dat het zich voordoet, de ernst ervan en de mogelijkheid tot behandeling.

Figuur 3.3 Hazard-determinatie

De risicobepaling bestaat uit vier onderdelen:

- identificatie van (mogelijke) gevaren (*hazard identification*): de identificatie van biologische, chemische of fysische agentia die aanwezig kunnen zijn in voedsel en de gezondheid kunnen schaden;
- karakterisering van gevaren (*hazard characterization*): kwalitatieve of kwantitatieve beschrijving van de aard (ernst, duur) van de schade voor de gezondheid ten gevolge van voedselpathogenen;
- blootstellingsbepaling (*exposure assessment*): kwalitatieve of kwantitatieve bepaling van de hoeveelheid van het ziekteverwekkende agens dat via het voedsel wordt opgenomen;
- risico-karakterisering (*risk characterization*): de kwalitatieve of kwantitatieve schatting van de *kans* op optreden en van de *ernst* van mogelijke gezondheidsschade in een bevolkingsgroep.

Dit kan op verschillende manieren worden gedaan, bijvoorbeeld met een risicomatrix. Een voorbeeld staat in fig. 3.4.

De laatste stap, het risicomanagement, omvat alle activiteiten die worden ondernomen om een risicovol product acceptabel te maken.

2. Bepalen van de CCP's CCP's zijn plaatsen of stappen in het proces waar beheersing mogelijk is en mogelijke gevaren voorkomen of geëlimineerd worden of verminderd tot aanvaardbare niveaus. Mogelijke CCP's zijn koken, koelen en vóórkomen van kruisbesmetting. Om te voorkomen dat er te veel proces- en productparameters worden gemeten zijn er CCP-beslissingsbomen ontwikkeld om na te gaan of er sprake is van een CCP. Voor grondstoffen kan de beslissingsboom worden toegepast, zoals gegeven in fig. 3.5. Figuur 3.6 geeft een algemene beslisboom.

Per processtap moeten de aspecten aangegeven zijn waarop men beoordeeld heeft. Bovendien moet met argumenten worden gemotiveerd waaruit blijkt of al dan niet sprake is van een CCP. Het verdient aanbeveling ervoor te zorgen dat het aantal CCP's niet groter wordt dan strikt noodzakelijk. Beheersen van risico's kunnen ook basisvoorwaarden zijn, waarbij de risico's beheerst worden met algemene beheersmaatregelen (als onderdeel van het basisvoorwaardenprogramma).

frequentie					ernst
vrijwel uitgesloten (1)	onwaarschijnlijk (2)	klein risico (3)	waarschijnlijk (4)	zeker (5)	
1	2	3	4	5	kleine schade (1)
2	4	6	8	10	schade (2)
3	6	9	12	15	behoorlijke schade (3)
4	8	12	16	20	grote schade (4)
5	10	15	20	25	rampzalig (5)
6	12	18	24	30	catastrofaal (6)

Figuur 3.4 Risicomatrix kwantitatief

Dit kunnen maatregelen zijn die deel uitmaken van bijvoorbeeld het inkoop-, hygiëne-, schoonmaak- en onderhoudsplan. Bij risico's die speciale aandacht vereisen zijn specifieke beheersmaatregelen gerelateerd aan CCP's noodzakelijk.

De vragen van de beslissingsboom dienen gesteld te worden voor elk gevaar bij elke stap in het proces. Mogelijke preventieve maatregelen kunnen dan worden herleid tot de CCP's (fig. 3.6). Ook voor grondstoffen kan men gebruikmaken van een beslissingsboom (fig. 3.5), men kan echter ook gebruikmaken van een beslissingstabel. In tab. 3.4 staat een voorbeeld van het gebruik van een beslissingstabel voor grondstoffen gegeven.

Indien het ook met het gebruik van de beslissingsboom lastig is de CCP's te bepalen is het verstandig na te gaan of het betreffende gevaar een bedreiging voor de gezondheid kan vormen indien er geen sprake is van beheersing.

3. Bepalen van kritieke grenzen bij elk CCP Kritieke grenzen zijn de grenzen waarbinnen bij een CCP sprake is van een effectieve beheersing van microbiologische gevaren. De hiertoe meest gebruikte criteria zijn: tijd, temperatuur, vochtigheid, a_w (de hoeveelheid vrij water die beschikbaar is voor micro-organismen, aangegegeven met een waarde van 0 (geen vrij water) en 1 (zuiver water)), pH, conserveermiddelen, viscositeit en sensorische informatie (bijvoorbeeld textuur, aroma).

Een voorbeeld is het koken van vlees voor pasteitjes om het merendeel van de hitteresistente vegetatieve pathogenen te doden. De kritieke grenzen dienen vastgesteld te worden voor temperatuur, tijd en dikte van het vlees. Verder zijn er gegevens nodig over mogelijke maximale aantallen micro-organismen in het vlees, van eventuele ingrediënten en eventuele nabesmetting. Naast kritieke

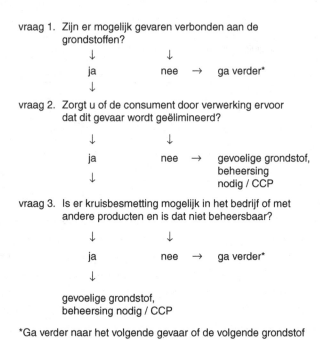

vraag 1. Zijn er mogelijk gevaren verbonden aan de
grondstoffen?

  ↓   ↓

  ja   nee   →   ga verder*
  ↓

vraag 2. Zorgt u of de consument door verwerking ervoor
dat dit gevaar wordt geëlimineerd?

  ↓   ↓

  ja   nee   →   gevoelige grondstof,
  ↓   beheersing
                         nodig / CCP

vraag 3. Is er kruisbesmetting mogelijk in het bedrijf of met
andere producten en is dat niet beheersbaar?

  ↓   ↓

  ja   nee   →   ga verder*
  ↓

gevoelige grondstof,
beheersing nodig / CCP

*Ga verder naar het volgende gevaar of de volgende grondstof

Figuur 3.5   CCP-beslissingsboom voor grondstoffen

grenzen is het aan te raden gebruik te maken van streefwaarden en toleranties om veiligheidsmarges in te bouwen.

4. Monitoring (meetsysteem) Een meetsysteem is noodzakelijk om na te gaan of de CCP's daadwerkelijk beheerst worden. Resultaten hiervan dienen schriftelijk vastgelegd te worden. Het meest ideaal is een continu registratiesysteem met behulp van fysische en chemische methoden (bijvoorbeeld tijd/temperatuur). Is dit niet mogelijk, dan dient men gebruik te maken van een registratiesysteem met intervallen dat voldoende betrouwbaar is (met behulp van statistische methoden). Hierbij is het van belang dat overschrijding van een kritieke grens niet acceptabel is. Aangezien microbiologisch onderzoek relatief veel tijd kost, wordt bij de registratie meestal de voorkeur gegeven aan fysische en chemische bepalingen. Voorbeelden hiervan zijn temperatuur, tijd, pH en vochtigheid. Er kunnen vijf soorten monitoring worden onderscheiden, namelijk visuele waarneming, sensorische analyse en fysische, chemische en microbiologische bepalingen.

5. Regels voor bijsturing Indien een CCP onvoldoende beheerst wordt, dient actie ondernomen te worden om de (potentiële) gevaren te elimineren. Hiertoe dienen voor elk CCP specifieke regels voor bijsturing ontwikkeld en beschreven te worden. Ook moet beschreven worden wat met het product moet worden gedaan dat is geproduceerd terwijl het proces onvoldoende beheerst werd.

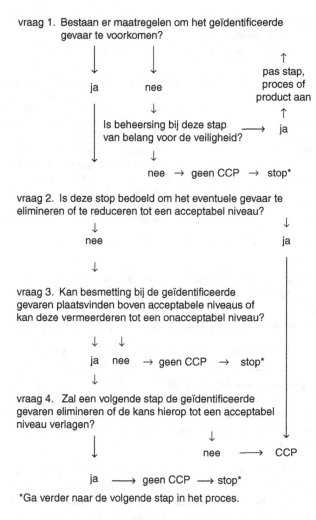

vraag 1. Bestaan er maatregelen om het geïdentificeerde gevaar te voorkomen?

ja   nee   pas stap, proces of product aan

Is beheersing bij deze stap van belang voor de veiligheid? → ja

nee → geen CCP → stop*

vraag 2. Is deze stop bedoeld om het eventuele gevaar te elimineren of te reduceren tot een acceptabel niveau?

nee   ja

vraag 3. Kan besmetting bij de geïdentificeerde gevaren plaatsvinden boven acceptabele niveaus of kan deze vermeerderen tot een onacceptabel niveau?

ja nee → geen CCP → stop*

vraag 4. Zal een volgende stap de geïdentificeerde gevaren elimineren of de kans hierop tot een acceptabel niveau verlagen?

nee ⟶ CCP

ja ⟶ geen CCP ⟶ stop*

*Ga verder naar de volgende stap in het proces.

Figuur 3.6 CCP-beslissingsboom (toe te passen bij elk geïdentificeerd gevaar in het proces)

6. Effectief bewaarsysteem voor beschrijvingen De beschrijvingen van het HACCP-systeem hebben betrekking op:

- *grondstoffen*: onder andere gegevens over de leverancier en opslag;
- *opslag en distributie*: onder andere gegevens over de temperatuur en houdbaarheidstermijn;
- *productveiligheid*: onder andere gegevens over procedures tijdens het proces en over de houdbaarheid;
- *afwijkingen*;

Tabel 3.4 Voorbeeld van het gebruik van een beslissingstabel voor grondstoffen: het gebruik van melkpoeder voor de bereiding van ijs

grondstof melkpoeder	vr. 1	vr. 2	vr. 3	CCP?	aantekeningen HACCP-team
Salmonella	ja	ja	nee	nee	het antwoord op vraag 1 is ja, net als dat op vraag 2 aangezien een verhittingsstap zal volgen. Er is geen kans op kruisbesmetting vanwege volledige scheiding tussen grondstoffen en verwerkte producten. Dus geen CCP.
vreemde materialen	nee	–	–	nee	vreemd materiaal is onwaarschijnlijk: de melk wordt voor het drogen gefilterd en het poeder wordt voor het verpakken gefilterd.
antibiotica-residuen	ja	nee	–	ja	antibioticaresiduen kunnen in het eindproduct terechtkomen en worden niet door verhitting verwijderd. Leverancier moet rauwe melk monitoren.

– *processing*: onder andere gegevens ten aanzien van de registratie van alle CCP's en de adequaatheid van de processen;
– *bijsturingen*;
– *verpakking*: onder andere specificaties van de verpakkingsmaterialen.

7. *Verificatie* Verificatie bestaat uit methoden, procedures en onderzoeken (van zowel industrie als overheid) om te bepalen of het HACCP-systeem overeenkomt met het plan. Hiertoe kan men gebruikmaken van fysische, chemische en sensorische methoden en hun overeenstemming met microbiologische criteria. Voorbeelden zijn bewaaronderzoek met eindproducten, controle van het proces, beoordeling van de onderzoeksresultaten door externe instanties en analyse van klachten uit de markt.

Toepassen van HACCP Voor het gebruik van een HACCP-plan moet eerst worden vastgesteld welk kwaliteitsbeleid met betrekking tot de veiligheid en deugdelijkheid van de producten gevolgd moet worden. Er moet worden nagegaan of zowel microbiologische, chemische als fysische hazards (of een combinatie hiervan) onderzocht worden.

Indien men HACCP gaat invoeren, zijn de volgende stappen te onderscheiden:

1. Benoem het HACCP-team.
2. Geef een beschrijving van het product.
3. Identificeer het bedoelde gebruik.
4. Ontwerp een stroomschema.
5. Verifieer of het stroomschema correct is.
6. Maak een inventarisatie van alle hazards bij elk van de processtappen; beschrijf de preventieve maatregelen waarmee de hazards beheerst kunnen worden.
7. Pas de CCP-beslissingsboom toe op iedere processtap.
8. Bepaal de normen en toleranties voor iedere CCP.

Tabel 3.5 HACCP-beheersingstabel

Proces stap	CCP nr.	Hazard	Preven- tieve maa- tregelen	Kritieke grenzen	Monitoring		Corrigerende maatregelen	Verant- woordelijk
					procedure	frequentie		

9. Kies het meetsysteem voor iedere CCP; bepaal de corrigerende maatregelen bij afwijkingen.
10. Ontwerp een registratie- en documentatiesysteem en voer dit in.
11. Zorg voor een goed werkende verificatie.

Het is aan te bevelen gebruik te maken van een HACCP-beheersingstabel. Hierin staan alle essentiële gegevens vermeld over stappen in het proces waar sprake is van CCP's. Het is ook mogelijk deze gegevens op andere wijze te documente- ren, maar het voordeel van deze aanpak is dat alle gegevens in één tabel bij elkaar staan. Bekijk het voorbeeld in tab. 3.5.

Microbiologische criteria Om de bevolking nog beter te kunnen bescher- men tegen microbiologische gevaren heeft de commissie van Europese Gemeenschappen een verordening uitgevaardigd over microbiologische criteria (EG NR 2073/2005 van de Commissie van 15 november 2005). Hieronder staat een deel van de tekst van deze verordening.

(1) Een hoog beschermingsniveau voor de volksgezondheid is een van de fundamentele doelstellingen van de levensmiddelenwetgeving, zoals vastgelegd in Verordening (EG) nr. 178/2002 van het Europees Parlement en de Raad van 28 januari 2002 tot vaststelling van de algemene beginselen en voorschriften van de levensmiddelenwetgeving, tot oprichting van een Europese Autoriteit voor voedselveiligheid en tot vaststelling van procedures voor voedselveiligheidsaangelegenheden. Microbiologische gevaren in levensmiddelen zijn een belangrijke oorzaak van door voedsel overgedragen ziekten bij de mens.

(2) Levensmiddelen mogen geen micro-organismen of toxinen of metabolieten daarvan bevatten in dusdanige hoeveelheden dat er een onaanvaardbaar risico voor de menselijke gezondheid ontstaat.

(3) In Verordening (EG) nr. 178/2002 zijn algemene voedselveiligheidsvoorschriften vast- gesteld, die onder meer inhouden dat levensmiddelen die onveilig zijn, niet in de handel mogen worden gebracht. Exploitanten van levensmiddelenbedrijven zijn verplicht onvei- lige levensmiddelen uit de handel te nemen. Om bij te dragen aan de bescherming van de volksgezondheid en uiteenlopende interpretaties te voorkomen, moeten er geharmoni- seerde veiligheidscriteria voor de aanvaardbaarheid van levensmiddelen worden vastge- steld, met name wat betreft de aanwezigheid van bepaalde pathogene micro-organismen.

(4) Microbiologische criteria bieden ook een houvast voor de aanvaardbaarheid van levensmiddelen en van de processen voor de fabricage, hantering en distributie daarvan.

De toepassing van microbiologische criteria moet een integrerend deel uitmaken van de uitvoering van op HACCP ('Hazard Analysis and Critical Control Points') gebaseerde procedures en andere hygiënemaatregelen.

(5) De veiligheid van levensmiddelen wordt hoofdzakelijk gewaarborgd door preventie, zoals de toepassing van goede hygiënepraktijken en van op HACCP gebaseerde procedures. Microbiologische criteria kunnen worden gebruikt bij de validatie en verificatie van HACCP-procedures en andere hygiënemaatregelen.

Daarom moeten er microbiologische criteria worden vastgesteld voor de aanvaardbaarheid van de processen, en microbiologische voedselveiligheidscriteria die grenswaarden voor bepaalde micro-organismen aangeven waarboven de besmetting van een levensmiddel als onaanvaardbaar beschouwd wordt.

(6) Overeenkomstig artikel 4 van Verordening (EG) nr. 852/2004 moeten exploitanten van levensmiddelenbedrijven voldoen aan de microbiologische criteria. Daartoe moeten zij nagaan of de voor de criteria vastgestelde waarden worden aangehouden door middel van bemonstering, analysen en corrigerende maatregelen, overeenkomstig de levensmiddelenwetgeving en de instructies van de bevoegde autoriteit.

Daarom moeten er uitvoeringsmaatregelen worden vastgesteld betreffende de analysemethoden, waar nodig met inbegrip van de meetonzekerheid, het bemonsteringsschema, de microbiologische grenswaarden en het aantal geteste eenheden dat aan die grenswaarden moet voldoen.

Verder moeten er uitvoeringsmaatregelen worden vastgesteld betreffende het levensmiddel waarvoor het criterium geldt, de punten in de voedselketen waar het criterium van toepassing is en de stappen die moeten worden genomen ingeval niet aan het criterium wordt voldaan. Maatregelen die de exploitanten van levensmiddelenbedrijven moeten nemen om aan de criteria voor de aanvaardbaarheid van een proces te voldoen, kunnen onder meer de controle van de grondstoffen, de hygiëne, de temperatuur en de houdbaarheidstermijn van het product betreffen.

3.7.4 Persoonlijke hygiëne

Behalve de bedrijfshygiëne is de persoonlijke hygiëne erg belangrijk. Microorganismen bevinden zich overal op en in het menselijk lichaam: op de huid, in feces en op kleding. Door overdracht (via handen of hoesten) kunnen ze in of op eet- en drinkwaren terechtkomen. Omdat micro-organismen zich op het lichaam en op kleding bevinden, beperkt persoonlijke hygiëne zich niet tot handen wassen, maar heeft het betrekking op het gehele lichaam.

Afhankelijk van het bedrijf en de functie kan periodiek een medische keuring van werknemers verlangd worden op grond van een (medische) voorgeschiedenis of op epidemiologische indicaties. Personen die drager of uitscheider zijn van micro-organismen die aanleiding kunnen geven tot besmettelijke ziekten, lijden aan een besmettelijke huidziekte of zwerende wonden hebben, mogen niet in direct contact met eet- of drinkwaren komen. Personen met letsel mogen alleen dan met levensmiddelen werken indien de wond goed afgeschermd is met een niet-waterdoorlatende bedekking.

Het is van het allergrootste belang te zorgen voor een goede scheiding tussen personeel dat in aanraking komt met het eindproduct en personeel dat werkzaam is met grondstoffen en de eerste bewerkingen van het product. Op deze manier wordt de kans op besmetting van eindproducten verkleind. Het wassen van handen is verplicht voor aanvang van de werkzaamheden, na toiletbezoek en verder na aanraking van vervuilde producten.

Enkele regels die verder van belang zijn voor de persoonlijke hygiëne:

- bedrijfskleding moet schoon zijn, gemakkelijk te dragen en te reinigen en vaak vervangen kunnen worden;
- hoofd-, baard- en snorbedekking heeft alleen zin als alle haren bedekt worden;
- nagellak wordt ontraden in verband met het loslaten van schilfers;
- sieraden, zoals ringen, geven aanleiding tot ophoping van vuil en dit kan besmetting van levensmiddelen tot gevolg hebben;
- eten, drinken en roken zijn niet toegestaan in de productieruimten.

Handhygiëne Omdat in veel gevallen levensmiddelen met de handen worden aangeraakt tijdens het bewerken, moet extra aandacht worden besteed aan de handhygiëne. Het dragen van (wegwerp)handschoenen kan het wassen van handen niet vervangen. Ook handschoenen worden vies en dit is niet zo goed waar te nemen. Handschoenen moeten dus ook regelmatig worden gewassen of veelvuldig worden verwisseld voor nieuwe (schone). Een ander nadeel bij het langdurig dragen van handschoenen is dat de handen klam worden. Als de handschoenen dan worden uitgedaan, is de kans op besmetting van producten met die vochtige handen bijzonder groot.

Handhygiëne is een belangrijk onderdeel van de persoonlijke hygiëne. Een hand voldoet niet aan de eisen van een ideaal oppervlak: nagelriemen, nagels, huidschilfers, groeven en haar zijn allemaal plaatsen waar vuil en micro-organismen zich prima kunnen verschuilen. Op de huid bevinden zich dan ook veel micro-organismen.

De huidflora kan globaal worden ingedeeld in twee groepen: residente en transiënte micro-organismen. De residente micro-organismen zijn aangepast aan het milieu van de huid; ze kunnen zowel overleven als uitgroeien (koloniseren). Hun aantal op de hand lijkt onuitputtelijk te zijn. Bij tien keer achtereenvolgens spoelen (vergelijkbaar met wassen) van één hand worden de eerste maal ongeveer een miljoen (10^6) micro-organismen verwijderd, maar na de tiende keer zijn dat er nog steeds circa 500.000. De belangrijkste vertegenwoordigers van deze groep zijn microkokken, stafylokokken, propionibacteriën en corynebacteriën.

Bij onderzoek naar handhygiëne is de aandacht vooral gericht op de vraag of er pathogene micro-organismen op de handen van werknemers kunnen worden gevonden. Tevens is het van belang om te weten op welke manier de transiënte micro-organismen op handen kunnen komen. Uit onderzoek blijkt dat handen van werknemers in levensmiddelenbedrijven zwaar besmet kunnen zijn met fecale micro-organismen en zelfs met pathogenen, zoals *Salmonella*. De belangrijkste bron van die besmetting is de omgang met besmette producten en niet een slechte toilethygiëne. Vooral producten van dierlijke oorsprong, gecombineerd met een vochtige werkomgeving (bijv. slachterijen) zorgen voor besmetting van de handen van het personeel. Gezien de hoge besmettingsgraad kunnen handen een belangrijke rol spelen bij kruisbesmetting. Via de handen kunnen bacteriën van bijvoorbeeld rauw vlees overgebracht worden op het verhitte product. Natuurlijk gebeurt dit ook via apparatuur en gereedschappen, maar die zijn beter te reinigen en desinfecteren.

Microbiologisch gezien worden de handen niet echt schoon. *Staphylococcus aureus*, een ziekteverwekker die bij veel mensen op de huid voorkomt en daar koloniseert, kan ook na grondig wassen van de handen nog gemakkelijk overgedragen worden op materialen en levensmiddelen. Toch is het niet zo dat het handen wassen afgeschaft moet worden. Er kan echter pas sprake zijn van enig effect als het intensiever en langduriger gebeurt. Het gebruik van desinfecterende zepen heeft alleen zin als de wastijd voldoende lang is (minimaal 30 seconden, maar liefst langer).

In het ABC voor veilige en gezonde kinderzorg heeft het Amerikaanse Center for Disease Control and Prevention vastgesteld wanneer handen gewassen moeten worden om verspreiding van micro-organismen te voorkomen. Hoewel de regels opgesteld zijn voor kinderdagverblijven, zijn de meeste ook toepasbaar in andere sectoren, zoals de productie van levensmiddelen en bereiding van maaltijden. Hierna volgen de regels voor kinderen en verzorgers.

Kinderen moeten hun handen wassen:

- bij aankomst in een kinderdagverblijf;
- direct voor en direct na het eten;
- na gebruik van het toilet of nadat de luier verschoond is;
- voor het gebruik van watertafels;
- na contact met huisdieren of hun benodigdheden;
- altijd wanneer de handen zichtbaar vuil zijn;
- voor het naar huis gaan.

Verzorgers moeten hun handen wassen:

- bij aankomst op het werk;
- direct voor contact met voedsel;
- na gebruik van toilet, anderen helpen bij toiletgebruik of verwisselen van luiers;
- na contact met lichaamsvloeistoffen: urine, neusvocht, spuug, braaksel;
- na contact met huisdieren of hun benodigdheden;
- altijd wanneer de handen zichtbaar vuil zijn (na schoonmaken van huis, huisraad, speelgoed, personen enz.);
- na het uittrekken van handschoenen (handschoengebruik is geen vervanging voor wassen);
- voor het geven van medicijnen, insmeren met zalf;
- voor het naar huis gaan.

Niet alleen *wanneer,* maar ook *hoe* handen gewassen moeten worden is vermeld in het ABC voor veilige kinderzorg. Een goede procedure bestaat uit de volgende stappen.

- Gebruik altijd warm stromend water en gebruik bij voorkeur vloeibare zeep. Antibacteriële zeep mag, maar is niet beslist noodzakelijk. Vochtige reinigings-doekjes zorgen niet voor effectieve reiniging van de handen.
- Maak de handen nat en breng wat vloeibare zeep op de handen.
- Wrijf de handen stevig tot het lekker schuimt en ga dan minstens 15 seconden door, borstel handpalm, bovenkant van de hand, tussen de vingers en onder de nagels.
- Spoel de handen onder stromend water, laat de kraan lopen tijdens het drogen van de handen.
- Droog de handen met een schone wegwerphanddoek (of handdoek voor eenma-lig gebruik) en raak de kraan en de handdoekautomaat niet aan met de schone handen.
- Draai de kraan dicht met de gebruikte wegwerphanddoek in de hand.
- Deponeer de vuile handdoek in de afvalbak (raak het deksel niet aan).
- Gebruik handlotion of -crème om het ontstaan van kloofjes te voorkomen.

Gebruik alleen een desinfecterende handlotion als er geen stromend water voor-handen is.

3.8 Tot besluit

Inzicht in de risico's die de microbiologische voedselveiligheid bedreigen is van belang voor mensen die zich beroepsmatig bezighouden met voedselproductie of -bereiding. Voor consumenten is het echter net zo belangrijk: wat je mee naar huis (of werk) neemt, kan je ziek maken. Grondstoffen voor maaltijden (aardap-pelen, groenten, fruit, vlees, vis, wild, gevogelte, melk, kazen, noem maar op) kunnen besmet zijn met kleine aantallen ziekteverwekkers. Met voldoende kennis over hygiëne en het gedrag van micro-organismen is in veel gevallen het optreden van voedselinfecties en -vergiftigingen te voorkomen. Maar niet altijd, want wie rauwkost eet, rauw vlees (filet americain, droge worst) of rauwmelkse kaas, loopt een (kleine) kans om ziek te worden. Het zou goed zijn als een breed publiek vol-doende hygiënische en microbiologische kennis had. Ondanks alle hygiëneacties van het Voedingscentrum is dit nog niet het geval. Het zou verstandig zijn meer energie te steken in het op dit gebied bijscholen van leerlingen op de basisschool. Daarvoor geldt: jong geleerd, oud gedaan. Oudere mensen veranderen niet meer zo gemakkelijk hun 'slechte' gewoonten.

De drie belangrijkste maatregelen om voedselinfecties en -vergiftigingen te voorkomen zijn:

1. besmetting voorkomen (hygiënisch werken);
2. de groei van micro-organismen remmen of stoppen (koelen, conserveermiddel toevoegen, niet te lang bewaren);
3. micro-organismen inactiveren (koken, bakken).

Wanneer bij consumptie de microbiologische kwaliteit niet zeker is, gelden de volgende drie aanbevelingen.

1. Eet geen rauw vlees.
2. Eet geen rauwe groenten of fruit.
3. Eet alleen door en door verhitte producten.

Het zal nooit lukken om volledig veilig voedsel te produceren of te bereiden. Er is dus altijd een kans dat iemand een voedselinfectie of -vergiftiging oploopt. Slik dan nooit antibiotica; die kunnen de darmflora nog meer verstoren. Eet (liever) niet en drink veel schoon water (eventueel gekookt) waarin een ORS (oraal rehydrateringssupplement) is opgelost. Dit supplement voorkomt uitdroging bij heftige diarree en/of braken.

Literatuur

Veel gegevens zijn overgenomen uit het *Dictaat Levensmiddelenmicrobiologie* (januari 2016) van Stichting FiMM te Wageningen.

Aanbevolen literatuur

Adams, M. R., & Moss, M. O. (2000). *Food Microbiology* (3rd ed.). UK: Royal Society of Chemistry.
Ridderbos, G. J. A. (2006). *Levensmiddelenhygiëne* (6th ed.). Maarssen: Elsevier gezondheidszorg.
Devlieghere, F. (Ed.). (2016). *Levensmiddelenmicrobiologie en -conservering* (1st ed.). Brugge: die Keure.

Websites

www.cdc.gov: uitgebreide overzichten voedselinfecties en voedselvergiftigingen.
www.foodsafetymanagement.info: veel informatie over HACCP.
www.rivm.nl: informatie over Nederlandse gevallen van voedselinfecties.
www.voedingscentrum.nl: (eenvoudige) informatie over hygiëne, ziekteverwekkers en voedsel.
www.vwa.nl: o.a. maatregelen genomen door de Voedsel- en Warenautoriteit in het kader van voedselveiligheid.
www.st-ab.nl/index.html: de complete Nederlandse Warenwet.

Hoofdstuk 4
Veiligheid van verpakkingen en gebruiksartikelen voor levensmiddelen

December 2016

T.G. Siere en M.A.H. Rijk

Samenvatting Verpakkingen en gebruiksartikelen, bestemd om met levensmiddelen in aanraking te komen, oftewel voedselcontactmaterialen, kunnen mogelijk stoffen afgeven aan het levensmiddel. Om te voorkomen dat er een risico voor de volksgezondheid optreedt zijn er op EU-niveau wettelijke algemene basisregels opgesteld in de kaderverordening (EG) nr. 1935/2004 waaraan alle voedselcontactmaterialen moeten voldoen. Daarnaast is er geharmoniseerde specifieke wetgeving voor voedselcontactmaterialen die bestaan uit kunststof, geregenereerde cellulosefolie (cellofaan), actieve en intelligente materialen en gerecyclede materialen. Niet-geharmoniseerde materialen, zoals papier, glas, rubber enz., vallen onder de nationale wetgeving. De regelgeving van voedselcontactmaterialen is gebaseerd op positieve lijsten. Dat wil zeggen dat alleen die stoffen zijn toegestaan als grond- en hulpstoffen, die op deze lijst staan. Voor een aantal stoffen zijn op basis van hun toxicologische eigenschappen specifieke migratielimieten opgelegd, of een maximaal restgehalte in het voedselcontactmateriaal. Verder worden aan het eindproduct bepaalde eisen gesteld. Ook de omstandigheden waaronder de verpakkingen en gebruiksartikelen getest moeten worden op chemische veiligheid, zijn wettelijk vastgelegd.

4.1 Inleiding

Verpakkingen en gebruiksartikelen die bestemd zijn om in contact te komen met eet- en drinkwaren, zijn niet weg te denken uit onze samenleving. Voordat eet- en drinkwaren in een geïndustrialiseerde samenleving de consument bereiken is er vaak een lang en ingewikkeld proces gepasseerd. Na de winning en het transport

T.G. Siere (✉) · M.A.H. Rijk
AdFoPack, Utrecht, The Netherlands

© Bohn Stafleu van Loghum, onderdeel van Springer Media B.V. 2016
M. Former et al. (Red.), *Informatorium Voeding en Diëtetiek*,
DOI 10.1007/978-90-368-1684-7_4

83

van de grond- en hulpstoffen wordt het voedsel geproduceerd en gedistribueerd. Elke fase brengt de mogelijkheid van contact met een verpakking of gebruiksartikel mee. Bij het kopen van onze dagelijkse voedingsmiddelen valt het op dat er een enorme verscheidenheid is aan verpakkingsmaterialen. Elke groep producten heeft zijn eigen verpakkingsmateriaal, afgestemd op eisen ten aanzien van conservering, het weren van invloeden van buitenaf en andere functionele eisen zoals presentatie.

Behalve de voordelen die verpakkingsmaterialen en gebruiksartikelen ons bieden, zijn er ook nadelen. Er kan door het contact van de verpakking of het gebruiksartikel met het voedsel migratie van stoffen naar het voedsel plaatsvinden. Deze stoffen kunnen niet alleen de kleur, geur en smaak van het voedsel beïnvloeden, maar ook schadelijk zijn voor de volksgezondheid. Vanuit dit oogpunt is het redelijk dat de wetgever eisen heeft gesteld aan verpakkingen en gebruiksartikelen. Niet alleen in Nederland heeft men eisen gesteld, maar ook de Europese Commissie heeft diverse verordeningen opgesteld. Wereldwijd hebben vele landen en continenten regels waaraan verpakkingen en gebruiksartikelen moeten voldoen om de veiligheid van ons voedsel te garanderen (Rijk en Veraart 2010).

4.2   Gebruik, nut en risico's van verpakkingen en gebruiksartikelen

4.2.1   Gebruik en nut

Er zijn veel contactmogelijkheden van grondstoffen, hulpstoffen en de eet- en drinkwaren zoals deze uiteindelijk worden genuttigd, met allerlei materialen in de vorm van procesmiddelen, artikelen en verpakkingen. In de productie- en bereidingsfase gaat het daarbij om contact met apparatuur, zoals ovens, mengers, ketels en transportbanden. In de transport- en bewaarfase gaat het om verpakkingen die een rol spelen bij het weren van vuil en eventueel invloeden van temperatuur, licht, zuurstof, vocht of druk. In de gebruiksfase bij de consument zal het gaan om gebruiksartikelen, zoals koffiezetapparaten, beslagkommen, pannen, al dan niet voorzien van een antiaanbaklaag, serviesgoed en bestek.

Bij een verpakking zijn behalve hygiëne en veiligheid ook andere zaken van belang, zoals het eenvoudig distribueren en opslaan van levensmiddelen, het presenteren van het product en de wensen van de consument ten aanzien van de grootte en het openmaken van de verpakking.

4.2.2   Risico's voor de volksgezondheid

Verpakkingen of gebruiksartikelen kunnen stoffen bevatten die schadelijk kunnen zijn voor de gezondheid. Het effect op de gezondheid hangt voor een deel af van de schadelijke eigenschappen van de stoffen, bijvoorbeeld of de stof mutageen, kankerverwekkend of toxisch is. Het effect is daarnaast afhankelijk van de hoeveelheid stof die migreert naar het levensmiddel. Door onderzoek bij proefdieren kan de mate van schadelijkheid worden vastgesteld. Indien de stof geen mutagene eigenschappen bezit, kan een 'no observable effect level' (NOEL) worden vastgesteld. Uitgaande van de NOEL bij het proefdier kan een 'acceptable daily intake' (ADI) worden berekend. Hierbij wordt een onzekerheidsfactor toegepast (meestal 100 indien alle vereiste toxiciteitsproeven zijn uitgevoerd) om fouten in het experiment, extrapolatie van resultaten van dier naar mens en de heterogeniteit van de menselijke populatie te ondervangen. Voor stoffen die mutagene eigenschappen bezitten en mogelijk kankerverwekkend zijn, kan geen NOEL worden vastgesteld. Wel kan de kans op kanker bij een bepaalde dosis worden afgeleid.

Ten slotte moeten verpakkingen en gebruiksartikelen voor levensmiddelen zich in zindelijke staat bevinden, zodat ze geen microbieel bederf van het verpakte levensmiddel kunnen veroorzaken. Een uitgangspunt is de afwezigheid van vuil, zichtbare schimmels en pathogene micro-organismen.

4.2.3 Evaluatie van de risico's

Op basis van de toxicologische eigenschappen van een stof wordt een specifieke migratielimiet (SML) vastgesteld, of een maximaal restgehalte (QM) in het eindproduct (verpakking of gebruiksartikel). Behalve specifieke migratielimieten voor stoffen is voor de meeste materiaalcategorieën een globale migratielimiet gesteld van 60 mg per kg. Dit houdt in dat de totale hoeveelheid aan stoffen die uit het materiaal migreert, ten hoogste 60 mg per kg levensmiddel mag bedragen. Deze globale migratielimiet heeft geen toxicologische basis, maar moet worden beschouwd als een kwaliteitsnorm en geeft aan hoe inert een materiaal is.

Bij het vaststellen van de migratielimieten wordt uitgegaan van vuistregels: dagelijks wordt één kilogram voedsel genuttigd en één kilogram voedsel kan in contact komen met zes vierkante decimeter verpakkingsmateriaal (een kubus met een inhoud van een liter). Bij een aantal toepassingen (bijv. afsluitdoppen) is het contactoppervlak veel kleiner dan 6 dm^2 per kg. Voor deze toepassingen mogen andere omrekeningsfactoren worden gehanteerd, bijvoorbeeld 0,5 dm^2 per kg levensmiddel.

De geschiktheid van het materiaal om met eet- en drinkwaren in aanraking te komen kan worden beoordeeld door de gemeten globale of specifieke migratie van stoffen uit een materiaal te vergelijken met de gestelde globale migratielimiet en de specifieke migratielimieten. De migratie van een stof van de verpakking naar het levensmiddel kan worden bepaald door het gehalte van die stof in het levensmiddel zelf te meten. Dit is echter niet altijd eenvoudig: voedselcomponenten kunnen de analyse storen. Vandaar dat de migratie ook bepaald mag worden in daarvoor aangewezen levensmiddelsimulanten. Daarbij wordt rekening gehouden met de aard van de verpakte eet- of drinkwaar. Zo wordt een verpakking voor een vet levensmiddel in een plantaardige olie, bijvoorbeeld olijfolie, getest, terwijl voor een zuur levensmiddel migratietesten in 3 % azijnzuur uitgevoerd worden.

De migratie van een stof vanuit de verpakking in het levensmiddel hangt af van de polariteit en/of de oplosbaarheid van de stof in de simulant/het levensmiddel. Daarnaast spelen ook de eigenschappen van het voedselcontactmateriaal zelf, bijvoorbeeld het type polymeer, een rol in de mate van afgifte of migratie van een stof. Bij het meten van de migratie wordt rekening gehouden met de contacttijd, het contactoppervlak en de temperatuur waarbij het levensmiddel in de praktijk in aanraking komt met het materiaal. De tijd/temperatuur testcondities in de migratietesten zijn wettelijk geregeld en gesimuleerd, waarbij korte testen bij een hogere temperatuur de werkelijke contactcondities simuleren. Zo worden materialen bedoeld voor langetermijnopslag bij kamertemperatuur gedurende tien dagen getest bij 40 of 60 graden Celsius.

4.3   Wetgeving met betrekking tot verpakkingen en gebruiksartikelen

Binnen de EU bestaat voor een beperkt aantal typen materialen specifieke regelgeving, bijvoorbeeld voor kunststoffen, geregenereerde cellulosefolie, actieve en intelligente materialen en gerecycled plastic. Deze regelgeving is van toepassing in alle EU-lidstaten. In afwezigheid van EU-regelgeving voor specifieke materialen, bijvoorbeeld voor papier en deklagen, mogen de EU-lidstaten eigen regelgeving opstellen. Nederland heeft binnen de EU een van de meest uitgebreide regelgevingen voor voedselcontactmaterialen die niet op EU-niveau geharmoniseerd zijn. Alle verpakkingen en gebruiksartikelen, onafhankelijk van het type materiaal, vallen onder de kaderverordening (EG) nr. 1935/2004. De kaderverordening bevat de basisregels voor voedselcontactmaterialen (par. 4.3.1).

In Nederland vindt regelgeving van verpakkingen en gebruiksartikelen plaats via de Warenwetregeling verpakkingen en gebruiksartikelen (WVG), onder verantwoordelijkheid van de Directie Voeding en Gezondheidsbescherming van het ministerie van Volksgezondheid, Welzijn en Sport. Het toezicht op de naleving van de regelgeving vindt plaats door de Nederlandse Voedsel- en Warenautoriteit (NVWA). Het materiaal dat met eet- en drinkwaren in aanraking kan komen, kan worden gecontroleerd op aard en samenstelling. Verder kan worden gekeken naar de specifieke bestanddelen die het materiaal bevat, de globale en specifieke migratie van de bestanddelen, het afgeven van kleurstoffen en de sensorische kwaliteit van het materiaal. Ook de hygiëne van de verpakking kan worden gecontroleerd.

Voor bepaalde materialen is het verplicht een formele conformiteitsverklaring op te stellen. Deze conformiteitsverklaring moet beschikbaar zijn voor onmiddellijke inspectie door zowel controlerende instanties als afnemers. Ook moeten producenten en importeurs van voedselcontactmaterialen documentatie bijhouden waaruit blijkt dat de in de conformiteitsverklaring genoemde zaken feitelijk juist zijn, bijvoorbeeld testrapporten. Ook kan bij fabrikanten en gebruikers van verpakkingen en gebruiksartikelen gecontroleerd worden op het werken volgens goede fabricagemethoden: de zogeheten Good Manufacturing Practice (GMP), verordening nr. 2023/2006.[1]

Onderzoek op het gebied van voedselcontactmaterialen wordt gecoördineerd door het Joint Research Center (JRC) van de Europese Unie, dat aangewezen is als Community Reference Laboratory (CRL). Het CRL werkt aan de ontwikkeling en evaluatie van analysemethoden voor de handhaving en aan de harmonisatie van deze methoden. Ook wordt gewerkt aan databanken en zijn er referentiematerialen verkrijgbaar. In het Europees Comité voor de standaardisering (CEN) worden de methoden voor de analytische bepaling van de stoffen in verpakkingen en artikelen en de daarbij gebruikte voedselsimulanten gevalideerd.

4.3.1 Wettelijke regelingen in de Europese Unie

Aanleiding voor de huidige wettelijke regelingen in het gebied van de Europese Unie (EU) zijn de bescherming van de gezondheid van de consument en het verwijderen van technische handelsbarrières. In de kaderverordening nr. 1935/2004[2] zijn algemene uitgangspunten opgenomen die van toepassing zijn op alle verpakkingsmaterialen en gebruiksartikelen. Materialen en voorwerpen, inclusief actieve en intelligente materialen en voorwerpen, dienen overeenkomstig goede fabricagemethoden te worden vervaardigd, zodat zij bij normaal of te verwachten gebruik geen bestanddelen afgeven aan levensmiddelen in hoeveelheden die:

– voor de gezondheid van de mens gevaar kunnen opleveren;
– tot een onaanvaardbare wijziging in de samenstelling van de levensmiddelen kunnen leiden; of
– tot een aantasting van de organoleptische eigenschappen van de levensmiddelen kunnen leiden.

Daarnaast mag de etikettering of aanbiedingsvorm de consument niet misleiden. Verder wordt er onder andere gesteld dat er bijzondere maatregelen genomen kunnen worden voor bepaalde materialen. Onder bijzondere maatregelen kunnen positieve lijsten vallen, maar ook de verplichte aanwezigheid van een verklaring van overeenstemming, waarin de producent verklaart dat het materiaal of artikel voldoet aan alle wettelijke eisen.

---

[1]Verordening (EG) nr. 2023/2006 van de Europese Commissie van 22 december 2006 betreffende goede fabricagemethoden voor materialen en voorwerpen bestemd om met levensmiddelen in contact te komen.

[2]Verordening (EG) nr. 1935/2004 van het Europees Parlement en de Raad van de Europese Unie van 27 oktober 2004 inzake materialen en voorwerpen bestemd om met levensmiddelen in contact te komen en houdende intrekking van de richtlijnen 80/590/EEG en 89/109/EEG.

De eisen voor vervaardiging overeenkomstig goede fabricagemethoden worden beschreven in verordening nr. 2023/2006.[3] Hierbij is met name aandacht voor verpakkingen die aan de buitenzijde worden bedrukt. Er mag geen overdracht van inkt plaatsvinden van de buitenzijde naar de binnenzijde via transport door het bedrukte materiaal of tijdens het productieproces (set-off). In een aanvulling op deze verordening (EG nr. 282/2008[4]) wordt beschreven aan welke voorwaarden een proces voor het recyclen van kunststof moet voldoen. Voor kunststoffen, actieve en intelligente materialen (EG nr. 450/2009[5]), keramische artikelen, folies van geregenereerd cellulose, epoxydeklagen en (fop)spenen bestaat inmiddels geharmoniseerde EU-wetgeving. Voor veel andere materialen is in de nabije toekomst nog geen geharmoniseerde wetgeving te verwachten.

Verpakkingen en gebruiksartikelen die bestemd zijn om met eet- en drinkwaren in contact te komen, moeten voorzien zijn van aanduidingen die aangeven dat het materiaal geschikt is om in contact te komen met levensmiddelen, tenzij de bestemming duidelijk is. Deze aanduidingen, in de vorm van een tekst (bijv. 'voor levensmiddelen') of een symbool (vork- en bekersymbool, zoals opgenomen in Verordening (EG) nr. 1935/2004), moeten goed zichtbaar, duidelijk leesbaar en onuitwisbaar zijn aangebracht. Tevens dienen de naam of de handelsnaam en het adres of de plaats van vestiging te worden vermeld. Indien bijzondere voorwaarden in acht moeten worden genomen, dient de gebruiksaanwijzing in de Nederlandse taal te zijn gesteld.

Bedekkingsmiddelen of deklagen die zijn aangebracht op bijvoorbeeld kaas, vleesproducten of fruit en die samen met het voedsel kunnen worden gegeten, vallen niet onder de definitie. Ook worden antiquiteiten en het openbare waterleidingnet uitgesloten.

Aangezien dit geharmoniseerde wetgeving is, die in alle lidstaten van toepassing is, geldt dit ook voor de Nederlandse situatie en alle regelgevingen met betrekking tot voedselcontactmaterialen.

4.3.2 Wettelijke regelingen in Nederland

De eerst bekende publicatie betreffende de veiligheid van verpakkingsmaterialen dateert van 23 juni 1925. In de *Staatscourant* werd bekendgemaakt dat

---

[3]Verordening (EG) nr. 2023/2006 van de Europese Commissie van 22 december 2006 betreffende goede fabricagemethoden voor materialen en voorwerpen bestemd om met levensmiddelen in contact te komen.

[4]Verordening (EG) nr. 282/2008 van de Europese Commissie van 27 maart 2008 betreffende materialen en voorwerpen van gerecycleerde kunststof bestemd om met levensmiddelen in aanraking te komen en tot wijziging van Verordening (EG) nr. 2023/2006.

[5]Verordening (EG) nr. 450/2009 van de Europese Commissie van 29 mei 2009 betreffende actieve en intelligente materialen en voorwerpen bestemd om met levensmiddelen in contact te komen.

voedselcontactmaterialen in zindelijke staat moeten zijn en geen lood, zink en andere stoffen mogen afgeven die een gevaar voor de volksgezondheid kunnen vormen. Na deze publicatie zijn er vele aanpassingen geweest. Een gedetailleerde regeling werd gepubliceerd in 1979.[6] De principes van de huidige Nederlandse regelingen ten aanzien van verpakkingen en gebruiksartikelen voor eet- en drinkwaren zijn opgenomen in de Warenwet, in het Warenwetbesluit verpakkingen en gebruiksartikelen (2005).[7] In 2014 werd de Warenwetregeling verpakkingen en gebruiksartikelen herzien, genotificeerd bij de Europese Commissie en na goedkeuring gepubliceerd in de Staatscourant (2014).[8]

Onder een verpakking wordt in de Warenwet verstaan een:

> artikel dat wordt gebruikt of bestemd is voor het verpakken, het anderszins geheel of gedeeltelijk omhullen dan wel het op enige wijze aanbieden van eet- of drinkwaren, hetzij in rechtstreekse aanraking met die waren, hetzij zodanig dat onder normale omstandigheden stoffen aan die waren kunnen worden afgegeven.

Behalve verpakkingen vallen bijvoorbeeld koffiebekertjes en vleesschaaltjes onder deze definitie. Ook zogeheten omverpakkingen, wanneer deze op indirecte manier stoffen afgeven of kunnen afgeven aan het levensmiddel, vallen onder deze definitie. Onder een gebruiksartikel wordt verstaan een technisch voortbrengsel dat wordt gebruikt in rechtstreekse aanraking met eet- of drinkwaren of daarvoor bestemd is. Hieronder vallen pannen, transportbanden voor levensmiddelen, eet- en drinkgerei enzovoort. Artikelen bestemd voor het voeden van zuigelingen en kleuters vallen ook onder deze definitie.

In de Warenwetregeling verpakkingen en gebruiksartikelen worden de aspecten die in het Warenwetbesluit verpakkingen en gebruiksartikelen zijn genoemd, in detail geregeld. Als materialen zijn aangewezen: kunststoffen, papier en karton, rubberproducten, metalen, glas en glaskeramiek, keramische materialen en email, textielproducten, geregenereerd cellulose, hout en kurk, en deklagen, kleurstoffen en pigmenten en epoxypolymeren. Voor ieder materiaal staat in een apart hoofdstuk van bijlage deel A van WVG de omschrijving van het materiaal, welke grond- en hulpstoffen zijn toegestaan (soms onderverdeeld naar toepassing) en welke beperkingen aan de migratie of het restgehalte in het eindproduct worden gesteld. De daarvoor mogelijke onderzoeksmethoden zijn opgenomen in een bijlage B van de regeling (Rijk en Veraart 2010).

De 'Commissie G4' van het ministerie van VWS stelt de beoordelingen op voor stoffen die in Nederland worden toegelaten, en vervolgens opgenomen in de WVG. Stoffen die niet in deze regeling zijn opgenomen, mogen in principe niet in voedselcontactmaterialen voorkomen. Voor een aantal stoffen en groepen van stoffen zijn uitzonderingen gemaakt, bijvoorbeeld zouten van zuren en bepaalde stoffen waarvan migratie niet aantoonbaar is.

---

[6] *Staatsblad 1 oktober 1979, 776.*

[7] *Staatsblad 30 mei 2005, 420.*

[8] *Staatsblad 27 maart 2014, 8531.*

Kunststoffen

Binnen Europa zijn kunststoffen geregeld via de Verordening (EU) nr. 10/2011.[9] Deze verordening bevat een positieve lijst die beschrijft welke monomeren en andere uitgangsstoffen gebruikt mogen worden in de vervaardiging van kunststoffen, bestemd om in aanraking te komen met levensmiddelen.

In de Warenwetregeling verpakkingen en gebruiksartikelen (WVG) wordt voor de monomeren en additieven volledig verwezen naar Verordening (EU) nr. 10/2011. Bepaalde stoffen zijn uitgesloten van de EU-verordening; deze stoffen mogen op nationaal niveau geregeld worden. In hoofdstuk I van het WVG (Kunststoffen) is een lijst van dergelijke niet-geharmoniseerde stoffen opgenomen. In deze lijst staan stoffen, zoals initiatoren, katalysatoren (en/of hun afbraakproducten), maar ook stoffen die een ondersteunende functie in het polymeerproductieproces hebben, bijvoorbeeld een pH-regelaar.

De voor kunststoffen gebruikte monomeren zijn in sommige gevallen carcinogene stoffen of kunnen een smaak- of geurafwijking veroorzaken. Het is daarom belangrijk dat deze monomeren voldoende weggereageerd zijn en dat het restgehalte zo laag mogelijk is. Voorbeelden zijn het monomeer styreen (de bouwsteen voor de kunststof polystyreen) en het monomeer acrylonitril, dat een bouwsteen is voor acrylonitril-butadieen-styreen (ABS). Dit monomeer zorgt in een lage concentratie reeds voor een smaak- of geurafwijking van het levensmiddel. Voor carcinogene stoffen, zoals het monomeer vinylchloride (de bouwsteen voor PVC), worden strenge eisen gesteld aan het restgehalte in het polymeer en de migratie van restmonomeer naar het levensmiddel.

In sommige kunststoffen worden weekmakers gebruikt om het materiaal zacht en flexibel te maken. Deze weekmakers worden vaak in hoge concentraties toegevoegd (30 tot 50 gewichtsprocent). Bekende weekmakers zijn adipaten en ftalaten. In geval van vette levensmiddelen kan de migratie van deze stoffen naar het levensmiddel aanzienlijk zijn. Als gevolg daarvan zijn sommige van deze weekmakers niet toegestaan in contact met vette levensmiddelen; voor andere zijn er strenge specifieke migratielimieten.

Papier en karton

Aan papier en karton zijn eveneens eisen gesteld. Er is een positieve lijst van stoffen die bij de productie van papier en karton gebruikt mogen worden. Ook oud papier en karton zijn toegestaan als grondstof, mits het materiaal voldoet aan de in de WVG gestelde eisen. Aan papier en karton, bestemd voor gebruik als kookverpakking en voor de filtering van drinkwater bij temperaturen hoger dan 80 °C, worden bijzondere eisen gesteld. Voor bakpapier verwijst de WVG volledig naar de Duitse BfR Bundesinstitut für Risikobewertung (BFR) aanbeveling XXXVI/2.

---

[9]Verordening (EG) nr. 10/2011 van de Europese Commissie van 14 januari 2011 betreffende materialen en voorwerpen van kunststof, bestemd om met levensmiddelen in contact te komen.

Rubberproducten

Rubberproducten worden voornamelijk als gebruiksartikelen toegepast. De artikelen zijn in klassen ingedeeld, op grond van vier factoren: contactoppervlak, contacttemperatuur, contacttijd en het aantal malen dat het voorwerp wordt gebruikt. Wanneer op basis van deze berekening vast komt te staan dat de migratie verwaarloosbaar is, hoeven er geen migratietesten te worden uitgevoerd. Verder is er een speciale categorie voor rubberproducten die in aanraking komen met babyvoedsel of bestemd zijn om door een baby of peuter in de mond te worden genomen (spenen). Voor deze categorie is slechts een beperkt aantal stoffen toegestaan als grond- of hulpstof en de specifieke migratielimieten zijn een factor 10 lager als compensatie voor het lagere lichaamsgewicht van baby's in vergelijking met volwassenen.

Om het rubber de gewenste elastische eigenschappen en sterkte te geven worden vaak chemische crosslinks aangebracht (vulkaniseren). In rubberproducten zijn vaak veel verschillende toegevoegde stoffen aanwezig, zoals vulstoffen, weekmakers, antioxidanten en stoffen die zijn gebruikt bij het vulkaniseren of de reactieproducten daarvan. Versnellers, de stoffen die worden gebruikt bij de vulkanisatie, vormen mogelijk een risico voor de volksgezondheid. Uit carbamaten bijvoorbeeld, kunnen tijdens het vulkaniseren nitrosamines ontstaan. Nitrosamines zijn (verdacht) carcinogene stoffen. Daarnaast ontstaan nitroseerbare verbindingen, die in combinatie met andere stoffen kunnen reageren tot nitrosamines.

Metalen met inbegrip van metallische deklagen

Er is een onderscheid gemaakt tussen basismaterialen, soldeer- en lasmaterialen en metallische deklagen. Voor verpakkingen en voor gebruiksartikelen zijn aparte positieve lijsten opgesteld, evenals eisen aan het eindproduct. Een bekend mogelijk risico voor de volksgezondheid is de afgifte van zware metalen, zoals nikkel, chroom, lood en aluminium.

Glas en glaskeramiek

Er wordt een onderscheid gemaakt in industrieel glas, verpakkingsglas, tafelglas, kristal, vuurvast glas en glaskeramiek. Er zijn geen positieve lijsten opgesteld voor de toegestane grond- en hulpstoffen. De gebruikte grond- en hulpstoffen moeten echter van een goede technische kwaliteit zijn. Kwikverbindingen mogen niet worden gebruikt en lood(II)oxide mag uitsluitend voor kristalglas worden gebruikt. Aan het eindproduct zijn specifieke migratielimieten gesteld voor een aantal zware metalen.

Keramische materialen en emails

De keramische voorwerpen zijn in drie klassen ingedeeld (m.b.t. de mate van vulbaarheid) met specifieke eisen ten aanzien van lood en cadmium. Ook voor emails dienen specifieke migratielimieten voor een aantal zware metalen in acht te worden genomen. Voor zowel keramische metalen als emails zijn geen positieve lijsten samengesteld. De gebruikte grond- en hulpstoffen moeten van een goede technische kwaliteit zijn.

Textielproducten

Onder textielproducten worden natuurlijke en synthetische textielvezels verstaan. Voor de grondstoffen, conserveermiddelen, veredelingsmiddelen en andere hulpstoffen zijn positieve lijsten opgesteld. Aan het eindproduct worden eisen gesteld in de vorm van specifieke migratielimieten van een aantal stoffen.

Folie van geregenereerde cellulose

Een folie van geregenereerde cellulose wordt verkregen uit gezuiverde cellulose, afkomstig van niet-gerecycled hout of katoen. De folie kan zijn voorzien van één of twee deklagen. Als grondstof moet ten minste 72 % geregenereerde cellulose worden gebruikt. Bovendien wordt er onderscheid gemaakt tussen folies die wel of niet voorzien zijn van een deklaag. Hoofdstuk VIII van bijlage deel A van de WVG verwijst volledig naar de geïmplementeerde EG-Richtlijn nr. 2007/42.[10]

Hout en kurk

Voor hout en kurk zijn positieve lijsten opgesteld voor de grondstoffen, verduurzamingsmiddelen en hecht- en bindmiddelen. Voor het eindproduct zijn specifieke migratielimieten opgesteld van een aantal stoffen. De gebruikte verduurzamingsmiddelen mogen alleen worden toegepast indien ze zijn toegestaan volgens de Wet gewasbeschermingsmiddelen en biociden.

Deklagen

Deklagen zijn onderverdeeld naar het tot stand komen van de laag: door middel van een dispersie of oplossing, direct als oplosmiddelvrij materiaal of direct als

---

[10]Richtlijn 2007/42/EG van de Europese Commissie van 29 juni 2007 inzake materialen en voorwerpen van folie van geregenereerde cellulose, bestemd om met levensmiddelen in aanraking te komen.

een metallische laag. In de toekomst zal deze onderverdeling in verschillende deklagen grotendeels komen te vervallen en vervangen worden door deklagen voor algemene toepassing. Naar verwachting zal deze wijziging eind 2017 of in 2018 worden gerealiseerd.

Bekend zijn de deklagen in blikverpakkingen. In deze deklagen wordt soms bisfenol-A-diglycidylether (BADGE) gebruikt als monomeer. Deze stof kan bijvoorbeeld tijdens het steriliseren van het voedsel migreren naar het levensmiddel. BADGE is een verdacht mutagene stof. Ook ontstaan er reactieproducten van deze stof met bijvoorbeeld waterstofchloride, water of levensmiddelcomponenten. Het gebruik van de op BADGE gelijkende stoffen bisfenol-F-diglycidylether (BFDGE) en novolac diglycidylether (NOGE) was toegestaan, maar is sinds 2005 verboden door EG-verordening nr. 1895/2005.[11] Alleen in coatings voor bijvoorbeeld grote tanks mogen deze stoffen nog worden gebruikt.

Kleurstoffen en pigmenten

Voor zowel de kleurstoffen als voor de gekleurde voedselcontactmaterialen zijn eisen gesteld. Voor kleurstoffen zijn maxima gesteld aan de extraheerbare hoeveelheden voor stoffen, zoals antimoon, arseen, barium, cadmium en chroom. Voor gekleurde voedselcontactmaterialen gelden migratielimieten voor stoffen als antimoon, arseen en primaire aromatische amines. Verder mogen gekleurde materialen geen kleur afgeven in een filtreerpapierproef.

Epoxypolymeren

Epoxypolymeren, zoals geregeld in de WVG, mogen als voedselcontactmateriaal gebruikt worden op voorwaarde dat het materiaal met stoom of heet water gereinigd wordt voordat het met voedsel in contact komt. Het polymere gedeelte van het eindproduct moet voor ten minste 50 % uit epoxypolymeer bestaan.

De hier bedoelde producten zijn geen verpakkingen of gebruiksartikelen, maar zijn uitsluitend bestemd voor herhaald gebruik, zoals vloeren in ruimtes waar voedsel geproduceerd wordt.

4.3.3   Raad van Europa

De Raad van Europa is een politieke organisatie die op 5 mei 1949 is opgericht door tien Europese landen met als oogmerk om meer eenheid te bewerkstelligen

---

[11]Verordening (EG) nr. 1895/2005 van de Europese Commissie van 18 november 2005 inzake de beperking van het gebruik van bepaalde epoxyderivaten in materialen en voorwerpen bestemd om met levensmiddelen in aanraking te komen.

tussen de leden. Op het gebied van gezondheidsbescherming is er een gedeelte-lijke overeenkomst (Partial Agreement) tussen de lidstaten. Commissies van experts (werkgroepen) worden ingesteld om tot overeenkomsten te komen.

In de Raad van Europa is een werkgroep actief die zich bezighoudt met mate-rialen die in contact met voedsel kunnen komen. Wanneer overeenstemming is bereikt over bepaalde materialen, wordt dit vastgelegd in de vorm van resoluties, die vervolgens ter goedkeuring aan de Raad van Europa worden voorgelegd. De resoluties die zijn gepubliceerd betreffen:

– kleurstoffen in kunststof;
– polymerisatiehulpmiddelen bij de productie van kunststof;
– papier en karton;
– papieren servetten en keukendoekjes;
– deklagen;
– kurk;
– het gebruik van ionenwisselaars bij het bereiden van voedingsmiddelen;
– rubberproducten;
– siliconenproducten;
– migratie van lood uit glas;
– inkten gebruikt aan de buitenzijde van verpakkingen;
– metalen en legeringen.

Deze resoluties hebben geen wettelijke status, maar worden door de industrie soms gebruikt om aan te tonen dat een materiaal veilig is, wanneer voor dat mate-riaal Europese en nationale wetgeving ontbreekt.

4.4   Nieuwe ontwikkelingen

Op het gebied van verpakkingsmaterialen is een aantal nieuwe ontwikkelingen gaande. Voorbeelden hiervan zijn het gebruik van nanodeeltjes en de NIAS (Non-Intentionally Added Substances). Verder zijn er milde conserveringstechnieken voor levensmiddelen in opkomst, zoals ultrahoge druk, licht met hoge intensiteit, pulserende elektrische velden en doorstraling. Deze technieken stellen eisen aan het verpakkingsmateriaal en hebben ook invloed op het verpakkingsmateriaal.

4.4.1   Actieve en intelligente verpakkingen

Actieve verpakkingen reguleren de condities en daardoor de kwaliteit en/of houd-baarheid van het verpakte levensmiddel (Beest en Kruijf 2001). Deze actieve verpakkingen grijpen specifiek aan op het bederfproces van het levensmiddel door stoffen te absorberen of juist af te geven. Voorbeelden zijn 'absorbers' van zuurstof, vocht, etheen of geurcomponenten, en systemen die stoffen afgeven ('emitters'), bijvoorbeeld antimicrobiële stoffen (zoals ethanol), antioxidanten en geur- en smaakstoffen.

Intelligente verpakkingen geven informatie over de conditie van het verpakte product tijdens opslag en transport (Beest en Kruijf 2001). Voorbeelden daarvan zijn indicatoren van gaslekken, de weergave van tijd-temperatuurhistorie of microbieel bederf. Sinds 2009 is er geharmoniseerde wetgeving voor actieve en intelligente verpakkingen (EG nr. 450/2009[12]). De ingrediënten in actieve en intelligente verpakkingen worden door EFSA (European Food Safety Authority) beoordeeld op hun veiligheid en zullen in de toekomst door de Europese Commissie op een positieve lijst geplaatst worden.

4.4.2   Antibacteriële materialen

Antibacteriële stoffen die toegepast worden in voedselcontactmaterialen vallen sinds 2012 onder de Biocide-verordening (BPR).[13] Door het inbouwen van antibacteriële eigenschappen in de verpakking of het gebruiksartikel worden microorganismen op het oppervlak van het materiaal gedood (Jung 2000). Volgens de kaderrichtlijn mag een verpakkingsmateriaal niet het levensmiddel zelf beïnvloeden. Bovendien moet de actieve stof op de positieve lijst staan en voldoen aan de gestelde migratielimiet. Toepassingen zijn bijvoorbeeld transportbanden en snijplanken. De sneden die tijdens het gebruik ontstaan in dit materiaal, kunnen niet goed gereinigd of gedesinfecteerd worden, waardoor hierin micro-organismen kunnen groeien.

4.4.3   Recycling en hergebruik

Een niet meer weg te denken aspect van de verpakking vormt de milieubelasting. Door verpakkingsconvenanten worden producenten van verpakkingen gedwongen de milieubelasting te reduceren. Dit kan gebeuren door hergebruik, zoals flessen en kratten met statiegeld, of het recyclen van de verpakkingen. Hergebruik en recyclen is toegestaan zolang het eindproduct voldoet aan alle eisen van het Verpakkingen- en gebruiksartikelenbesluit en aan de positieve lijsten van de WVG.

---

[12]Verordening (EG) nr. 450/2009 van de Europese Commissie van 29 mei 2009 betreffende actieve en intelligente materialen en voorwerpen bestemd om met levensmiddelen in contact te komen.

[13]Verordening (EU) nr. 528/2012 van het Europees Parlement en de Raad van 22 mei 2012 betreffende het op de markt aanbieden en het gebruik van biociden.

Kunststofflessen worden soms door de consument gebruikt voor opslag van huishoudchemicaliën, zoals wasverzachter, bestrijdingsmiddelen of thinner. Deze stoffen worden gedeeltelijk geabsorbeerd door de kunststof en kunnen tijdens het wasproces onvoldoende worden verwijderd. Na opnieuw vullen van de verpakking kunnen de stoffen weer worden afgegeven aan het levensmiddel, waardoor een geur- of smaakafwijking kan ontstaan. In de frisdrankindustrie worden de binnengekomen retourflessen daarom eerst gekeurd. Glazen flessen absorberen deze stoffen niet, maar ze zijn wel breekbaar en kunnen bij breuk letsel veroorzaken.

Bij het recyclen van kunststofflessen wordt de kunststof meestal versnipperd, schoongemaakt en daarna verwerkt tot een nieuw product. Vaak wordt aan het zogenaamde recyclaat nieuw (maagdelijk) materiaal toegevoegd (bijv. 25 % recyclaat en 75 % nieuw materiaal). Dezelfde contaminanten als bij hergebruik van flessen spelen bij recyclen een rol. Door het versnipperen kan het materiaal wel vaak beter worden gereinigd. Bovendien treedt een verdunning op, omdat slechts een klein percentage van de verpakkingen verontreinigd zal zijn. Het proces voor het recyclen van kunststof moet bovendien voldoen aan de in EG-verordening nr. 282/2008[14] beschreven eisen.

In Nederland wordt in het kader van milieudoelstellingen veel papier en karton gerecycled. Wanneer oud papier en karton wordt gebruikt als grondstof, kunnen hierin onbekende contaminanten aanwezig zijn. Deze contaminanten bestaan vooral uit restanten van drukinkt, deklagen, laminaten en ontinktingschemicaliën zoals alkylfenolen. Stoffen die veelvuldig worden aangetroffen in papier en karton zijn di-isopropylnaftaleen, ftalaten, foto-initiatoren, paraffine, aromatische koolwaterstoffen en bisfenol-A.

4.4.4   Non-Intentionally Added Substances

Tijdens polymerisatie, extrusie en het verwarmen van kunststoffen kunnen reactie-en ontledingsproducten ontstaan. Deze stoffen worden ook wel Non-Intentionally Added Substances (NIAS) genoemd. Een voedselverpakking kan een groot aantal NIAS bevatten, veelal op laag niveau. De belangstelling voor NIAS is groot omdat er weinig tot niets bekend is over de toxiciteit van deze stoffen. Voor de risicobeoordeling van NIAS zijn verschillende strategieën ontwikkeld. Een van deze strategieën is gebaseerd op het TTC-principe (Threshold of Toxicological Concern, Koster et al. 2014). Deze bestaat onder andere uit een analytische screening, waarna via verschillende stappen bepaald wordt of een NIAS boven een bepaalde toxicologisch relevante grenswaarde komt.

---

[14]Verordening (EG) nr. 282/2008 van de Europese Commissie van 27 maart 2008 betreffende materialen en voorwerpen van gerecycleerde kunststof bestemd om met levensmiddelen in aanraking te komen en tot wijziging van Verordening (EG) nr. 2023/2006.

4.4.5   Nanodeeltjes

Nanodeeltjes geven een materiaal specifieke eigenschappen doordat ze in bij-voorbeeld een polymeer fijner verdeeld kunnen worden. Een stof in nanovorm heeft hierdoor een groter effectief oppervlak, terwijl het materiaal zijn helderheid behoudt. Op de positieve lijsten van stoffen die zijn toegelaten voor de productie van voedselcontactmaterialen staan stoffen die al sinds decennia op een conventio-nele (niet-nano)manier worden gebruikt. Deze stoffen kunnen echter zodanig wor-den bewerkt dat ze in hoofdzaak bestaan uit nanodeeltjes.

Migratie van nanodeeltjes kan een gevaar voor de volksgezondheid opleveren omdat de deeltjes direct in de bloedbaan kunnen worden opgenomen en niet via een natuurlijk metabolismeproces worden afgevoerd. Daarom zijn er restricties voor het gebruik van nanodeeltjes in voedselcontactmaterialen. Een stof in nano-vorm mag alleen gebruikt worden in een voedselcontactmateriaal als het specifiek als nano opgenomen is in een positieve lijst.

4.4.6   Milde conserveringstechnieken

Er wordt veel onderzoek gedaan naar nieuwe, milde conserveringstechnieken waarmee verse en toch houdbare voedingsmiddelen kunnen worden geprodu-ceerd (Jongbloed et al. 2001). Voorbeelden hiervan zijn behandeling met ultrahoge druk (UHD), pulserende elektrische velden (PEF), hoge intensiteit licht (HIL) en doorstraling (Bouma 2002). Bij al deze technieken worden micro-organismen in levensmiddelen niet onschadelijk gemaakt door verhitting, maar langs andere wegen. Door de geringe temperatuurverhoging wordt de oorspronkelijke vers-heid niet of nauwelijks aangetast. Deze technieken stellen echter wel eisen aan het gebruikte verpakkingsmateriaal.

Ultrahoge druk

Bij conserveren met ultrahoge druk (UHD) worden producten behandeld met drukken tussen de 100 MPa (1000 bar) en 1000 MPa (10.000 bar). UHD zet niet alleen het levensmiddel, maar ook de verpakking onder hoge druk. De verpakking moet soms wel 10 tot 20 % vervorming kunnen doorstaan. Dit stelt hoge eisen aan de flexibiliteit van de verpakkingen. Bijvoorbeeld bij meerlaagse systemen kan delaminatie een probleem vormen.

Pulserende elektrische velden

Bij pulserende elektrische velden (PEF) gaat het om blootstelling aan korte pulsen van hoge spanning (veldsterkten 15–80 kV/cm). De methode is echter niet geschikt voor het behandelen van vaste stoffen.

Hoge intensiteit licht en doorstraling

Hoge intensiteit licht (HIL) maakt voor inactivatie van micro-organismen gebruik van zeer kortdurende lichtflitsen (1 s tot 100 ms) met een zeer hoge lichtintensiteit ($0,1$–20 J/cm^2) van wit licht met een breed spectrum, variërend van ultraviolet tot infrarood. Conserveren is ook mogelijk door het doorstralen met ioniserende straling. Onder ioniserende straling wordt verstaan: gammastraling, röntgenstraling en bètastraling (elektronen). Het DNA van micro-organismen is erg gevoelig voor ioniserende straling. De micro-organismen kunnen zich niet meer vermenigvuldigen en sterven af. In Nederland is het voor een beperkt aantal levensmiddelen toegestaan om te worden behandeld met ioniserende straling (Warenwetbesluit doorstraalde waren, 1992).[15] Voorbeelden hiervan zijn: gedroogde vruchten, kruiden en specerijen, garnalen, kikkerdelen en maaltijden voor patiënten die steriele voeding nodig hebben. De meeste levensmiddelen in Nederland worden in bulk doorstraald, dus niet verpakt.

Zowel HIL als ioniserende straling lenen zich voor het desinfecteren van oppervlakken en verpakkingen. Desinfectie van verpakkingen door ioniserende straling wordt in Nederland toegepast bij zowel levensmiddelen als non-food producten (bijv. farmaceutische of cosmetische preparaten). In combinatie met aseptische afvullijnen kan het eindproduct steriel worden verpakt. In vergelijking met meer traditionele desinfectiemethoden, zoals bestrijdingsmiddelen of stoom, heeft doorstralen het voordeel dat ook moeilijk desinfecteerbare verpakkingen, zoals een zak in een doos, kunnen worden gedesinfecteerd. Bovendien treedt er geen vormverandering op als gevolg van het blootstellen aan hoge temperaturen, zoals bij stoomsterilisatie kan gebeuren, en er blijven geen residuen van bestrijdingsmiddelen achter.

Doorstralen wordt voornamelijk toegepast bij kunststof verpakkingsmaterialen. De kunststoffen worden echter soms ook aangetast door de straling. Het grootste risico voor de volksgezondheid is dat er tijdens de doorstraling afbraakproducten ontstaan, de zogeheten radiolyseproducten, die kunnen migreren naar het levensmiddel. Deze staan meestal niet op de positieve lijst en zijn daarom niet toxicologisch beoordeeld. Van de meeste radiolyseproducten zijn ook niet voldoende toxicologische gegevens beschikbaar, zodat het moeilijk is het risico voor de volksgezondheid te beoordelen.

---

[15]*Staatsblad* 1992, 205; laatstelijk gewijzigd *Staatsblad* 2 december 1999, 500).

Er is geen specifieke wetgeving waaraan verpakkingen moeten voldoen die de genoemde behandelingen hebben ondergaan. De verpakking moet echter blijven voldoen aan het verpakkingen- en gebruiksartikelenbesluit, wat betekent dat de verpakking geen stoffen mag afgeven aan het levensmiddel in dusdanige hoeveelheden dat de volksgezondheid in gevaar kan worden gebracht.

4.5 Conclusies

Migratie van stoffen uit verpakkingen en gebruiksartikelen naar levensmiddelen kan een risico voor de volksgezondheid vormen. Om dit te voorkomen zijn eisen gesteld aan de gebruikte grond- en hulpstoffen. Verder zijn er migratielimieten: de maximale migratie van stoffen naar het levensmiddel is wettelijk begrensd. In Nederland is voor veel materialen specifieke wetgeving opgesteld. Er wordt bovendien gewerkt aan de harmonisatie van de wetgeving op Europees niveau. Ontwikkelingen, zoals NIAS en het gebruik van nanodeeltjes, stellen andere eisen aan verpakkingen en brengen nieuwe risico's mee.

Literatuur

Beest, M. van, & Kruijf, N. de. (2001). Actieve en intelligente verpakkingen. *Vehicle Miles of Travel, 12*, 15-19.

Bouma, K. (2002). Kunststof verpakkingen: effect van doorstralen. *Vehicle Miles of Travel, 4*, 37–45.

Jongbloed, H., Boxtel, L., & Berg, I. (2001). Milde conserveringstechnieken: Verse voeding in veilige verpakking. *Vehicle Miles of Travel, 24*, 10–14.

Jung, H. H. (2000). Antimicrobial Food Packaging. *Food Technology, 54*(3), 56–65.

Koster, S., Rennen, M., Leeman, W., et al. (2014). A novel safety assessment strategy for non-intentionally added substances (NIAS) in carton food contact materials. *Food Additives & Contaminants: Part A, 31*(3).

Rijk, R., & Veraart, R. (2010). *Global Legislation for food packaging materials*. Weinheim: WILEY-VCH Verlag GmbH & Co. KGaA.

Printed in the United States
By Bookmasters